「惑星」の話

「惑星形成論」への招待

Color Index

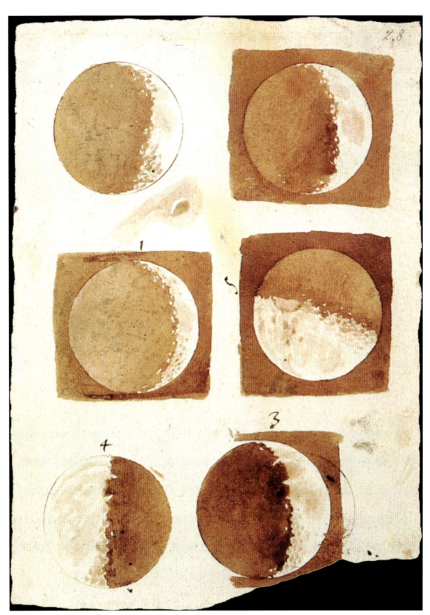

［図 1-1］　**ガリレオによる「月の満ち欠けの観測図」**（1616年）

Color Index

[図 1-2] **小惑星「イトカワ」に接近する「はやぶさ」探査機**
(© 池下章裕 /MEF/JAXA・ISAS)

[図 1-3] **太陽系の惑星**。いちばん左に「太陽」の一部が見えている。惑星は右から「水星」「金星」「地球」「火星」「木星」「土星」「天王星」「海王星」の順に並んでいる。

Color Index

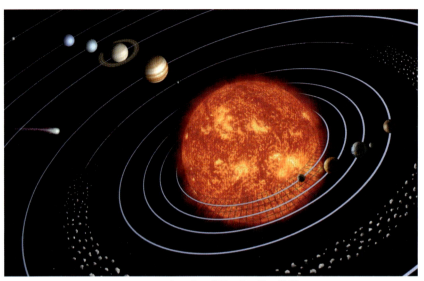

[図 1-4] **太陽系の惑星や小天体の軌道**。
惑星はいずれも同一平面上をほぼ円軌道で回っているのが分かる。

[図 1-5] **太陽系の衛星たち**。左から「地球」「火星」「小惑星イダ」「木星」「土星」「天王星」「海王星」「冥王星」「準惑星エリス」の順に、それぞれの代表的な衛星を示してある。サイズの比較のために、右下には「地球」が示してある。

Color Index

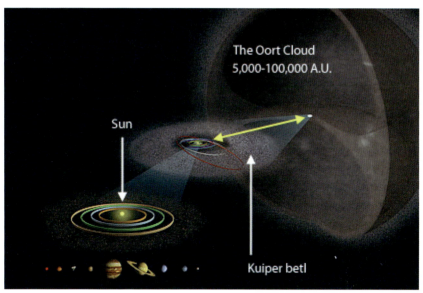

[図 1-6] **「太陽系外縁天体」と「オールトの雲」**。太陽から半径 50AU（天文単位）付近まで広がっている「太陽系外縁天体」（「カイパーベルト天体」とも呼ぶ）と、5 万 AU 付近まで球殻状に広がっている「オールトの雲」における、天体分布のイメージ図。（©Jedimaster）

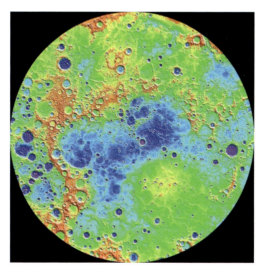

[図 1-7] **水星表面のクレーターマップ**。大小さまざまなクレーターが全球にわたり存在している。（©NASA/Johns Hopkins University Applied Physics Laboratory/Carnegie Institution of Washington）

Color Index

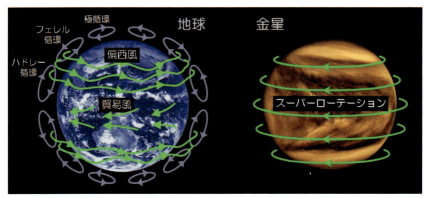

[図 1-8] **金星の「スーパー・ローテーション」**。複雑な風が吹いている地球とは異なり、金星では常時一方向の強烈な風が吹き続けている。(©JAXA)

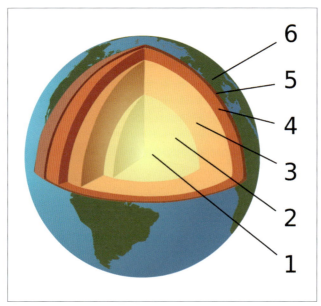

[図 1-9] **地球の内部構造**。1: 内核、2: 外核、3: 下部マントル、4: 上部マントル、5: 地殻、6: 地表。重いものが内側にある、たまねぎ構造を成している。(©Halldin(Original Mats), Chabacano(Vectorization))

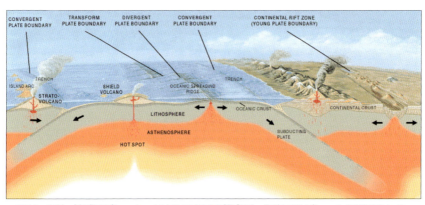

[図 1-10] **地球のプレート・テクトニクスの概念図**。海嶺でのプレートの湧き出しや、海溝での沈み込み、大陸プレートと海洋プレートの間の衝突などが描かれている。

[図 1-13] **木星の大赤斑**。ボイジャー1号により撮影されたもの。図中上部の最大の渦が大赤斑で、その下の白い楕円の渦がほぼ地球と同じサイズである。(©NASA/JPL)

Color Index

[図 1-16] **イオの火山活動**。
地表から噴煙が上がっているのが分かる。右は火山活動周辺の拡大図。

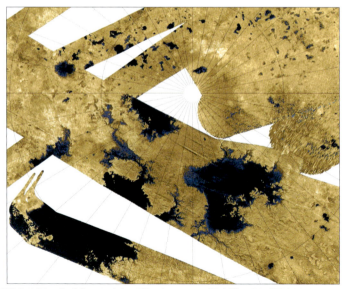

[図 1-18] **タイタンのメタン湖**。カッシーニ探査機により撮影されたもの。
液体の湖（黒い部分）が点在しているのが分かる。

Color Index

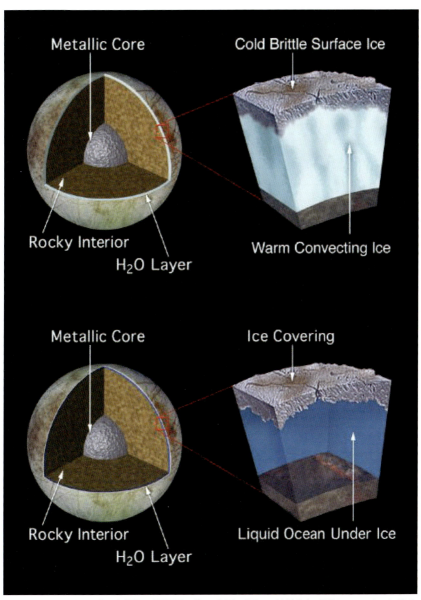

[図 1-17] **エウロパの内部海の想像図。**氷の表面の下に、液体もしくはシャーベット状の海が広がっていると考えられている。(©NASA/JPL)

Color Index

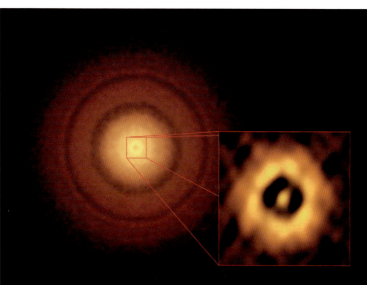

[図2-3] **アルマ望遠鏡による原始惑星系円盤の詳細な観測画像。**（上）おうし座HL星の周りの原始惑星系円盤。同心円状の塵の環が幾重にも取り囲んでいる。（下）うみへび座TW星の周りの原始惑星系円盤。拡大図では、中心から約1.5億キロメートル（太陽と地球の距離）の位置で隙間構造が見えている。

Color Index

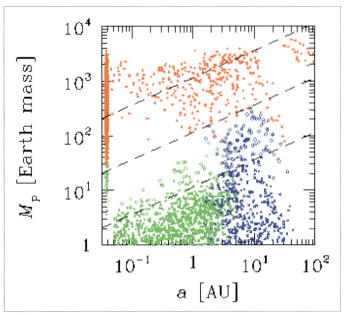

[図 3-6] **惑星分布生成モデルの計算結果の一例**（Ida & Lin (2004) より）。生成された惑星の軌道（横軸）と質量（縦軸）が示されている。点の色はそれぞれ地球型惑星（緑）、巨大ガス惑星（赤）、巨大氷惑星（青）を表わしている。

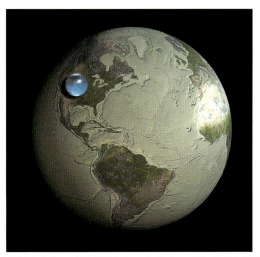

[図 4-4] **地球の水の量。**地球表面の水をすべて一ヶ所に集めた場合の想像図。
（©Howard Perlman, USGS）

11

はじめに

　我々の住むこの太陽系は、自ら光る恒星である太陽を中心に、8つの惑星とそれらの周りを回る多数の衛星、さらに無数に存在する小天体などから構成されています。

　本書では、まず**第1章**で**現在の太陽系の姿**を簡単に紹介します。特に惑星と衛星について、それらの特徴と豊かな多様性、さらには残されている謎などについて、ひととおり説明していきます。

　メインパートである**第2章**では**太陽系形成論**、すなわち太陽系の成り立ちについて詳しく説明します。太陽系の惑星や衛星がどのようにして出来上がったのか、またそうした形成過程がどのような手法によって明らかにされてきたのか、1つ1つ丁寧に解説していきます。

　また、今日では太陽系以外にも、他の恒星の周りを回る系外惑星がたくさん存在していることが分かっています。**第3章**では、これらの**系外惑星の観測手法や形成理論**についての説明を行うとともに、系外惑星の発見によって変貌をとげつつある太陽系形成論の新しいモデルについても簡単に紹介します。

　最後の**第4章**では、**生命を宿す惑星**に注目します。地球と同じような惑星はどのようにすれば作られるのか、その可能性について最新の話題を盛り込みながら議論を行っていきますので、ぜひ一緒に考えてみてください。

　小惑星探査機「はやぶさ」の帰還、土星の衛星「エンケラドス」からの噴水の観測、地球に似た系外惑星の発見など、近年大きな盛り上がりをみせている惑星科学の世界を、本書を通してたっぷりと満喫していただければ幸いです。

佐々木貴教

「惑星」の話 〜「惑星形成論」への招待〜

CONTENTS

Color Index ……………………………………………………………… 2
はじめに ………………………………………………………………… 13

プロローグ
人間中心の宇宙観からの脱却 ………………………………………… 17

第1章　現在の太陽系の姿
[1-1] 惑星（系）について ………… 20
[1-2]「太陽系」の構成メンバー … 23
[1-3] 地球型惑星 ……………………… 29
[1-4] 巨大ガス惑星・氷惑星 …… 38
[1-5] 衛 星 …………………………… 43

第2章　太陽系形成論
[2-1]「太陽系形成論」とは ……… 50
[2-2] 原始惑星系円盤 ……………… 52
[2-3]「ダスト」から「微惑星」へ … 57
[2-4]「微惑星」から「原始惑星」へ … 65
[2-5]「原始惑星」から「地球型惑星」へ … 73
[2-6]「原始惑星」から「巨大ガス惑星・氷惑星」へ ……………… 78
[2-7]「衛星系」の形成 ……………… 82

第3章　「系外惑星の観測」と「汎惑星形成理論」
[3-1] 太陽系外惑星 ………………… 90
[3-2]「系外惑星」の観測手法 …… 91
[3-3] 汎惑星形成理論の構築 …… 97
[3-4]「太陽系形成論」の再考 … 106

第4章　生命を宿す惑星の作り方
[4-1] 生命を宿す惑星の見つけ方 … 114
[4-2] ハビタブル・ゾーン ……… 115
[4-3] 多様な「ハビタブル・プラネット」… 122
[4-4] 地球は奇跡の惑星か …… 126

エピローグ
我々はどこから来たのか、我々は何者か、我々はどこへ行くのか ………… 131

参考文献 ……………………………………………………………… 137
図出典一覧 …………………………………………………………… 140
索 引 ………………………………………………………………… 142

●各製品名は、一般に各社の登録商標または商標ですが、®およびTMは省略しています。

プロローグ
人間中心の宇宙観からの脱却

　人間は遥か古代から、この宇宙に対して思いを馳せてきました。
　そこでは、神話の主題として「宇宙の起源」が語られ、神によって宇宙や生命の誕生や死が決められていました。
　もちろん、これらは「科学」や「天文学」ではありませんでしたが、それでもなんとかこの世界の姿や成り立ちを理解しようという強い思いは、現代の科学の世界にも通じるところがあります。

＊

　その後、ある種の「科学的」な方法によってこの世界の構造を説明しようという試みが、初めてなされました。「天動説」の登場です。
　古代ギリシャの哲学者であるアリストテレスは、夜空に浮かぶ星々の動きを説明するために「地球の周りを他の惑星や太陽が回っている」という「宇宙体系」を構築します。「地球中心」、ひいては「人間中心」の宇宙観の誕生です。

　「人間中心の宇宙観」は、キリスト教をはじめとする「宗教」によってさらに強固なものとなっていきます。
　「この世界は神が創ったものであり、神の似姿として人間が創られたのであるから、地球が宇宙の中心にあるのは必然である」「地球が宇宙の中心ではないと考えるのは、神への冒涜である」。
　こうして、長きに渡り人類は、自分たちが宇宙の中心にいると信じることになります。

＊

　この人間中心の宇宙観を180度変えることになったのが、コペルニクスによる「地動説」の提唱です。
　彼は、「地球は太陽の周りを回る複数の惑星のうちのひとつにすぎない」「我々は宇宙の中心ではない」ということを主張しました。
　「地動説」は宗教による激しい抵抗にあいながらも、観測データによるサポートを受け、次第に市民権を得ていきます。
　そして最終的には、ニュートンが「万有引力の法則」を用いて太陽周りの地球の運動が数学的に記述できることを証明し、「地動説」が完全に受け

| プロローグ | 人間中心の宇宙観からの脱却 |

入れられることになりました。

*

「地動説」の勝利は、人類が初めて、自分たちが宇宙の中心ではないことを認識した、歴史的イベントであったと言えるでしょう。

その後、「太陽」は「銀河系」内に存在する数千億個の「恒星」の中のひとつにすぎないことが分かり、太陽自体も相対的な存在であることが認識されました。

また、我々の銀河についても、宇宙に無数に存在する多種多様な銀河のうちの1つであることが分かり、銀河系自体も相対化されました。

すなわち、天文学における「発見」の歴史は、人類自身の「相対化」の歴史であったと言えます。

また、天文学は、我々が「特殊な存在」ではなく「ありふれた存在」であることを示し続けてきた学問であったとも言えます。

*

本書では、主に「惑星系形成」の物理について説明していきますが、ここでもまったく同様のことが言えることが分かると思います。

「太陽系の形成理論」には、特別な過程や特殊なメカニズムは必要なく、基本的な物理過程を丁寧に追っていくことで、きちんと現在の太陽系の姿を説明できます。そこでは、「神」による「超自然的な世界創造」は必要ありません。

また、本書では「太陽系外の惑星の形成理論」についても議論します。

「太陽系の形成」が宇宙の歴史の中で特別な出来事だったわけではなく、他の「恒星」の周りでも同様のプロセスを経て、至るところで惑星系が形成されることが分かることでしょう。

*

本書を通して「惑星形成の過程」を学ぶことで、やはり我々が「特別な存在ではないこと」「宇宙の中心的存在ではないこと」を再認識すると同時に、宇宙に広がる無限の可能性に思いを馳せていただけたら嬉しく思います。

第1章
現在の太陽系の姿

"いづれの御時にか、女御、更衣あまたさぶらいたまひけるなかに、いとやむごとなき際にはあらぬが、すぐれて時めきたまふありけり"
——「源氏物語」 紫式部

第1章 現在の太陽系の姿

1.1 惑星（系）について

　我々の太陽は、天の川銀河の片隅に浮かぶ、ありふれた恒星のうちの1つです。

　しかし、その太陽の周りには、驚くほど多様で複雑な世界が広がっています。

　本書のメインパートは「惑星形成論」、つまり「惑星（系）」をどうやって作るか、についての部分ですが、その前に、そもそも我々が作ろうとしている「惑星（系）」がどのようなものであるのか、まずはそこを見ていくことにしましょう。

■「太陽系内天体」の発見

　太陽系内の天体については、これまでさまざまな手法によってその特徴が明らかにされてきました。

　望遠鏡を用いた地上からの観測は、1609年の、ガリレオ・ガリレイによる月のクレーターの観測にまで遡ります。

　ガリレオは、その後も自ら作成した望遠鏡を用いて、太陽の黒点や木星の周りを回る「ガリレオ衛星」の存在などを明らかにしていきました。

　また、1846年の海王星の発見や1930年の冥王星の発見など、重要な太陽系内天体の発見はほぼすべて望遠鏡による観測によるものです。

　現在では地球上には数え切れないほどの望遠鏡があり、24時間365日あらゆる場所から天体の観測が行なわれています。

　「新しい小惑星の発見」や「木星の表面模様」の観察など、望遠鏡観測が果たしてきた役割は非常に大きいと言えるでしょう。

[1.1] 惑星（系）について

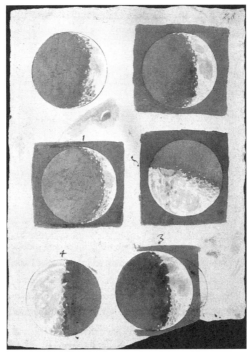

図 1-1　ガリレオによる「月の満ち欠けの観測図」（1616年）（Wikipediaより）

■「太陽系内天体」の発見

　一方で、個々の惑星の詳細な特徴を調べるには、「探査機」による直接調査が必要となります。

　人類初の「探査機」は、ソビエト連邦が1959年に月を目指して打ち上げた「ルナ1号」です。

　同年、アメリカの「パイオニア4号」が続いて月を目指します。

　当時アメリカとソビエト連邦は冷戦状態にあり、激しい宇宙開発競争を繰り広げていました。

　アメリカは、その後1960年代には有人のアポロ計画に挑み、1969年「アポロ11号」によって、ついに人類初の月面着陸を達成します。

　この間、両国による無人探査機は大量に月に送られ、月の表面の特徴を次々と明らかにしていきました。また、両隣の惑星である金星や火星にも探査機は到達し、兄弟惑星とも言える両惑星の地表環境が、実は地球とはまったく異なるものであることが報告されました。

第1章 現在の太陽系の姿

　ちなみに、日本が初めて打ち上げた探査機は1985年の「さきがけ」で、ハレー彗星の探査を行ないました。

　その後も、「はやぶさ」による小惑星探査や「かぐや」による月探査など、日本も重要な太陽系探査計画をいくつも行なってきました。

図1-2　小惑星「イトカワ」に接近する「はやぶさ」探査機
（© 池下章裕/MEF/JAXA・ISAS）

＊

　本章では、以上のような観測・探査によって明らかにされてきた太陽系に存在する各惑星・衛星・小天体の特徴について、簡単に紹介していきます。

　太陽系がいかに「不思議な」姿をしているのか、また各天体がいかに「個性豊かな」姿をしているのか、そのことをしっかりと理解したうえで、次章の太陽系形成論の話に進んでいってください。

　なお、今では「太陽系」以外にも他の星の周りを回る惑星（「系外惑星」と呼びます）がたくさん存在していることが分かっています。

　「系外惑星」については主に**第3章**で詳しく見ていくので、まずは最も身近なこの「太陽系」に焦点を絞って考えていくことにしましょう。

[1.2]「太陽系」の構成メンバー

1.2 「太陽系」の構成メンバー

「太陽系」を構成しているメンバーは、大きく4つに分類できます。
「太陽・惑星・衛星・小天体」の4つです（図1-3）。

図1-3 太陽系の惑星（Wikipediaより）。いちばん左に「太陽」の一部が見えている。惑星は右から「水星」「金星」「地球」「火星」「木星」「土星」「天王星」「海王星」の順に並んでいる。

■ 太陽

「太陽」は「恒星」と呼ばれる種類の天体で、天体内部での「核融合反応」によって自分自身で光り輝いている、太陽系唯一の存在です。

主成分は水素とヘリウムで、その質量は地球の約33万倍もあり、太陽系全体の天体の質量のなんと99.9%を占めています。

「太陽」自身も非常に興味深い天体ではあるのですが、残念ながら本書ではこれ以降ほとんど扱いませんので、より詳細な特徴については割愛させていただきます[※1]。

■ 惑星

さて、次はいよいよ本書のメインターゲットである「惑星」です。
「惑星」はさらに3つのサブカテゴリに分類することができます。
「地球型惑星」（あるいは「岩石惑星」）、「木星型惑星」（あるいは「巨大ガス惑星」）、「天王星型惑星」（あるいは「巨大氷惑星」）の3つです。

※1　太陽について詳しく知りたい方は、ぜひ巻末の参考文献をご参照ください。

第1章 現在の太陽系の姿

　現在知られている「太陽系」の「惑星」は全部で8つあり、内側から順に「水星・金星・地球・火星・木星・土星・天王星・海王星」です[※2]。

　惑星は、いずれも太陽の周りを同一平面上でほぼ円軌道で回っています（図1-4）。

　実際には僅かに楕円軌道を描いているのですが、一見するとほとんど真円との違いがわからないほどきれいな円軌道になっています。

　この「同一平面上」を「円軌道」で回っている、というのが太陽系の惑星の形成過程を考えるうえで重要なカギとなってきます。ぜひ覚えておいてください。

図1-4　太陽系の惑星や小天体の軌道。
惑星はいずれも同一平面上をほぼ円軌道で回っているのが分かる。

※2　2006年以前は、冥王星が9番目の惑星として存在していましたが、紆余曲折を経て冥王星は惑星ではなく準惑星ということになり、太陽系の惑星の数が1つ減ることになりました。この経緯について詳しく知りたい方も、ぜひ巻末の参考文献をご参照ください。

[1.2]「太陽系」の構成メンバー

■ 衛星

　次に、この「惑星」の周囲を回っている天体である「衛星」について見ていきましょう（図 1-5）。

　太陽系の惑星の多くは衛星をもっています。もちろん「地球」の衛星は「月」ですね。

　その他にも有名な衛星としては、火星の「フォボス・ダイモス」、木星の「ガリレオ衛星」（イオ・エウロパ・ガニメデ・カリスト）、土星の「タイタン・エンケラドス」、海王星の「トリトン」など、数え上げればキリがありません。

　「太陽」の周りを回っている「惑星」と比べると、「惑星」の周りを回っている「衛星」は、非常に多種多様な軌道を描いているのも大きな特徴です。
　「他の衛星と同一の平面上を回っていない衛星」や「逆向きに回っている衛星」（「逆行衛星」と呼びます）も存在し、それらの起源については複数のアイデアやモデルが乱立しているのが現状です。

　こうした「衛星の多様性」は、その形成理論を複雑なものにしている一方で、非常に個性的で魅力的な衛星たちをたくさん生み出してくれているのも事実です。
　特に近年は、地球以外に生命を宿す可能性のある天体として、「木星」や「土星」の周りの「衛星」が注目を集めています。本章では「イチオシの衛星」たちについても、簡単に紹介していきます。

第1章 現在の太陽系の姿

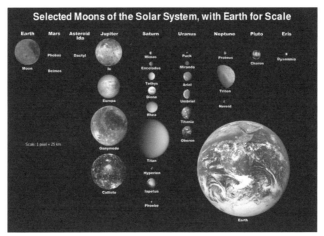

図 1-5　太陽系の衛星たち（Wikipedia より）。左から「地球」「火星」「小惑星イダ」「木星」「土星」「天王星」「海王星」「冥王星」「準惑星エリス」の順に、それぞれの代表的な衛星を示してある。サイズの比較のために、右下には「地球」が示してある。

■ 小天体

最後は、太陽系内に無数に存在する惑星でも衛星でもない小天体たちについて見ていきましょう。

小天体も主に3つのサブカテゴリに分類されます。「小惑星、太陽系外縁天体、オールトの雲」の3つです（**図 1-6**）。

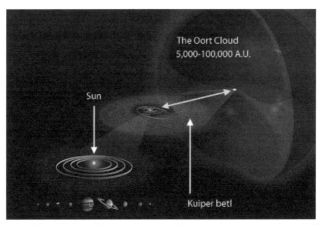

図 1-6　「太陽系外縁天体」と「オールトの雲」。太陽から半径50AU（天文単位）付近まで広がっている「太陽系外縁天体」（「カイパーベルト天体」とも呼ぶ）と、5万AU付近まで球殻状に広がっている「オールトの雲」における、天体分布のイメージ図。(©Jedimaster)

[1.2]「太陽系」の構成メンバー

● 小惑星

「小惑星」は、典型的なサイズは「数百メートル」から「数百キロメートル」程度で、「惑星」ほど大きな自己重力をもたないため、「球型」から外れた、いびつな形をしているものも数多く存在します。

その数は、発見されたものだけでも「30万個」を超えており、(A) 火星軌道と木星軌道の間の「小惑星帯」と呼ばれる領域に存在する「メインベルト小惑星」と、(B)「木星」と同じ軌道上に存在する「トロヤ群小惑星」が、主な小惑星集団として知られています。

また、小惑星は地球に落下してくる「隕石」の母天体、つまり「起源天体」だと考えられています。

「隕石」の中には太陽系の初期物質が保存されており、隕石は太陽系形成の履歴を追う上で重要な「太陽系の化石」となっています。

「小惑星」はまさにそうした「太陽系の化石」が大量に保管されている、「貯蔵庫」のようなものなのです。

● 太陽系外縁天体

一方で、「海王星軌道」よりも外側の領域にも同様に小さな天体が大量に存在しています。

これらは「太陽系外縁天体」と呼ばれ、「短周期彗星の巣」と考えられています[※3]。

「太陽系外縁天体」は一般に軌道が不規則で、惑星の軌道面から傾いた面を大きな楕円軌道で周回するものも少なくありません。

ちなみに、「冥王星」も今ではこの太陽系外縁天体の一つとして定義されています。

※3　公転周期が200年以下のものを「短周期彗星」、200年以上のものを「長周期彗星」と呼びます。つまり、「地球」で「200年以内」の周期で繰り返し見ることのできる「彗星」が「短周期彗星」ということになります。

第1章 現在の太陽系の姿

● オールトの雲

さて、「太陽系外縁天体」まででおよそ差し渡し「100AU」[※4]ほどのサイズとなっており、一般にはここまでを「太陽系」として認識されている場合が多いです。

しかし、実は「太陽系」はさらにずっと遠くまで広がっています。

太陽から「1万AU」ないしは「10万AU」ほどの位置には、球殻状に小天体が存在している領域「オールトの雲」が広がっていることが理論的に予想されています。

「オールトの雲」は「長周期彗星の巣」だと考えられており、長周期彗星の到来頻度などから、トータルで1兆個ほどの天体が存在していると見積もられています[※5]。

＊

以上で、太陽系の概観についてはおおよそのイメージをもつことができたかと思います。

次節からは、「太陽系内」の「惑星」「衛星」についてさらに詳しく見ていくことにしましょう。

非常に個性豊かな天体たちの姿を、どうぞお楽しみください。

※4 1AU（天文単位）は「太陽と地球との間の距離」（約1億5000万キロメートル）を表わします。つまり「100AU」は太陽から地球までの距離の100倍遠くを意味します。「惑星系のサイズ」を考える際によく用いられる単位です。
※5 「オールトの雲」は、理論的にその存在が予言されている仮想的な天体群であり、未だ観測的に確認はされていません。

1.3 地球型惑星

「太陽系」に存在する「地球型惑星」は、太陽に近い側から「水星・金星・地球・火星」の4つです。

それぞれの「惑星」について、その特徴を簡単に見ていきましょう（表 1-1）。

表 1-1　太陽系の地球型惑星の特徴

	水星	金星	地球	火星
軌道長半径 [AU]	0.39	0.72	1	1.52
公転周期 [年]	0.241	0.615	1	1.881
質量 [地球質量]	0.055	0.82	1	0.11
半径 [地球半径]	0.38	0.95	1	0.53
密度 [kg/m³]	5,430	5,240	5,520	3,930
衛星の数	0	0	1	2

■ 水星

「太陽系」で最も太陽に近い軌道に位置する「水星」は、太陽系で最も小さな惑星でもあります。

太陽からの距離は「0.39AU」、半径は「2,440km」（地球の 0.38 倍）、質量は「3.3×10^{23}kg」（地球の 0.055 倍）です。

表面は大小さまざまな無数の「クレーター」[※6]に覆われ、月に似た地形を成しています。

図 1-7 水星表面のクレーターマップ。 大小さまざまな「クレーター」が全球にわたり存在している。
(©NASA/Johns Hopkins University Applied Physics Laboratory/Carnegie Institution of Washington)

※6　隕石等の衝突によって作られる、天体表面の凹状の地形のことを「クレーター」と呼びます。

第1章 現在の太陽系の姿

● 地表面温度の極端な温度差

驚くべきはその「地表面温度」で、「昼側」(太陽のほうを向いている側)では最高で「427℃」に達するのに対し、夜側(太陽とは逆のほうを向いている側)では最低で「マイナス183℃」になっており、昼と夜で非常に大きな温度変化があることが分かります。

この極端な温度差の原因は、「水星」がほとんど「大気」を保持していないことにあります。

「水星」は他の惑星と比べると質量が小さいため、「大気」を長期間保持し続けるだけの重力をもっていません。

「大気」があれば昼夜間の温度差を大気循環によって和らげることができるのですが、「水星」は熱を効率的に循環させるだけの「大気」をもっていないため、太陽に照らされた面は「灼熱の世界」、その逆側では宇宙空間(マイナス270℃程度)にさらされた「極寒の世界」になってしまっているのです。

● 固有の「磁場」

また「水星」は、固有の「磁場」をもっているのも大きな特徴のひとつです。
「水星の内部」には主に鉄でできた巨大な「金属核」があると考えられており[※7]、この「金属核」の存在によって「磁場」が生成されている可能性が指摘されています。

しかし、「水星」のような小さな天体は内部に蓄えたエネルギーを比較的短期間のうちに失ってしまうため、長期間(つまり現在まで)「磁場」を保持することが果たして可能かという点については、未だに議論が続けられています。

■ 金星

次は、「地球の双子惑星」とも呼ばれることのある「金星」です。
太陽からの距離は「0.72AU」、半径は「6,052km」(地球の0.95倍)、

※7 よくこう説明されているのですが、実はこの表現は、本当は逆で、「岩石でできたマントル部分が少ない」というのが正しいと思われています。外側の岩石部分が少ないために、相対的に巨大な金属核があるように見えているというわけです。

[1.3] 地球型惑星

質量は「4.9×10^{24}kg」（地球の 0.815 倍）と、いずれも地球に近い値となっています。

そのため、「金星」は地球とそっくりな地表面環境をもっている…気がするのですが、実はこれがまったく違うのです。

● 高温の地表面温度

「金星」の地表面温度はなんと「460℃」。鉛ですら溶けてしまうほどの高温です。

さらに地表面での大気圧は「90 気圧」ほどであり、地球と比べると圧倒的に分厚い大気を保持していることが分かります。

この大気のほとんど（約 96.5%）を占めているのが「二酸化炭素」です。

「二酸化炭素」と言えば、地球でも温暖化ガスとして有名ですね。

そうです、この大量の「二酸化炭素大気」がもたらす強烈な温室効果によって、金星の地表面温度は「460℃」という途方もない高温になってしまっている、と考えられているのです。

● スーパー・ローテーション

「金星」のもう 1 つの大きな特徴は、「スーパー・ローテーション」と呼ばれる強烈な風です。風速はなんと「時速 360km」。金星自身の「自転の約 60 倍」の速度の暴風が、一定方向に吹き続けていることが分かっています。

「スーパー・ローテーション」の原因についてはさまざまなメカニズムが提案されていますが、未だに決定打はなく、「金星」の大きな謎のひとつとなっています。

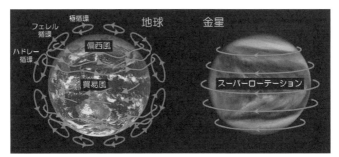

図 1-8　金星の「スーパー・ローテーション」。複雑な風が吹いている地球とは異なり、金星では常時一方向の強烈な風が吹き続けている。（©JAXA）

第1章 現在の太陽系の姿

「金星」の不思議な特徴はまだ他にもあります。

「自転軸が 180 度傾いている」、つまり自転の向きが他の惑星とは「逆回転」なのも、金星だけに見られる特徴です。

「地球型惑星」の自転軸の角度がどうやって決まるのかについては、**2-5 節**で簡単に説明を行ないます。

■ 地球

次はいよいよ我々の住むこの「地球」のことを少し詳しく見ていくことにしましょう。

「地球」は太陽からの距離が約「1 億 5000 万 km」で、半径は「6,378km」、質量は「6.0×10^{24}kg」です。

大気成分は「窒素」が 78%、「酸素」が 21% と、この 2 成分だけで全体の 99% を占めており、残り 1% の中に「二酸化炭素」や希ガスの「アルゴン」などのマイナーな成分が含まれています[※8]。

●「液体の水」をもつ天体

地球の最大の特徴は、太陽系の天体の中で唯一、表面に「液体の水」をもつ天体であるということでしょう。

我々地球上の生命にとって、液体の水の存在は「発生」「進化」「繁殖」のすべての段階において最も重要なものとなっています。

そのため、地球と同じように表面に液体の水をもつことが、惑星が「ハビタブル」（生命居住可能）であるための必要条件であると考えられています。

このあたりの話題については、**第 4 章**で詳しく紹介します。

● 地球の内部構造

「地球の内部構造」についても見てみましょう。

[※8] 地球大気中にわずか 1% 以下しか含まれていない「二酸化炭素」がほんの少し増えたり減ったりするだけで、地球の平均気温は大きく変化してしまいます。いわゆる「地球温暖化問題」ですね。現在の地球の表層環境が、いかに微妙なバランスの上に成り立っているかがよく分かるかと思います。

[1.3] 地球型惑星

「地球の内部」は、他の大きな天体と同様に「たまねぎ構造」になっていると考えられています。

自分自身の重力によって、「重いもの」（金属など）は中心部分に、「軽いもの」（岩石など）は地表に近い部分に移動するため、内側から「重い順」に層構造が形成されていくのです。

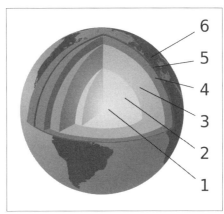

図 1-9　地球の内部構造。1: 内核、2: 外核、3: 下部マントル、4: 上部マントル、5: 地殻、6: 地表。重いものが内側にある、たまねぎ構造を成している。(©Halldin(Original Mats), Chabacano(Vectorization))

地球の中心部分には「核」（コア）と呼ばれる、主に「金属鉄」と「ニッケル」の合金からなる層が存在しています。

さらに、この核のうち、「内側にある固体」として存在している層を「内核」、「外側にある液体」として存在している層を「外核」と呼びます。

「外核」は液体なので、「熱勾配」や「組成勾配」などによって対流を起こしており、この金属層の対流によって、「地球の磁場」が作り出されていると考えられています。

核よりも外側の層は「マントル」と呼ばれ、主に「かんらん岩」や「輝石」といった岩石物質で形成されています。

「マントル」も、より内側の「下部マントル」と外側の「上部マントル」の2つの層に分類されています。

地球の最も外側の層は「地殻」と呼ばれる薄い岩石の層になっており、主に玄武岩や花崗岩によって構成されています。

第1章 現在の太陽系の姿

我々が普段「地面」として認識しているのは、この表面の薄皮である地殻の部分となります。

●プレート・テクトニクス

最後に、地球のもう1つの大きな特徴である「プレート・テクトニクス」についても簡単に説明していきましょう。

地球の表面は、卵の殻のように一枚岩で覆われているわけではなく、何枚もの「プレート」と呼ばれる岩板の組み合わせによって構成されています。

これらの「プレート」は、対流する「マントル」の上に乗っているため、「マントル」とともにゆっくりと移動することになり、その結果「プレートの上」に乗っている大陸も一緒に動くことになります。

これが有名な「大陸移動説」の証拠にもなっているわけです。

また、「プレート」と「プレート」の境界部分では、プレート同士が互いに押しのけ合ったり沈み込んだりすることで、「造山活動」「火山」「地震」などの地殻変動が引き起こされます。

現在までのところ、「プレート・テクトニクス」は地球上でのみ存在が確認されていて、その「普遍性」や「特殊性」などについては、現在でも理論的な研究が進められているところです。

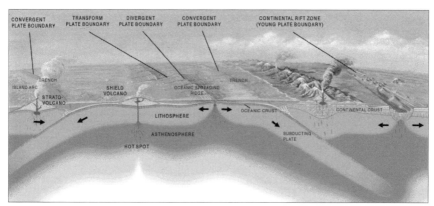

図 1-10 地球のプレート・テクトニクスの概念図。海嶺でのプレートの湧き出しや、海溝での沈み込み、大陸プレートと海洋プレートの間の衝突などが描かれている（©USGS）。

[1.3] 地球型惑星

■ 火星

　地球型惑星の最後は、赤い惑星としておなじみの「火星」です。

　太陽からの距離は「1.52AU」、半径は「3,394km」（地球の 0.53 倍）、質量は「6.4×10^{23}kg」（地球の 0.11 倍）と、金星や地球と比べると小ぶりな惑星となっています。

　大気成分は 95% を「二酸化炭素」が占める他は、3% 程度の「窒素」とわずかな「マイナー成分」からなります。

　重力が小さく大気を長期間保持できないため、現在の火星の地表面圧力はわずか「0.006 気圧」しかありません。そのため、「二酸化炭素」が大気のメイン成分であるにも関わらず、絶対量が少ないことで、温室効果はほとんど効いておらず、地表面の温度は「-63℃」と低温に抑えられています。

● 火星の表面地形

　「火星の表面地形」については、過去の数多くの探査機によって驚くほど詳細なデータが得られています[※9]。

　詳細な画像も大量に撮られており、あたかも地球上の一風景かのように見えるものもたくさんあります。赤茶けた岩がゴロゴロと転がっているおなじみの風景は、地球上の乾燥地域の風景とほとんど見分けがつかないほどです。

　また、「火星上」で雲が浮かんでいる様子もとらえられていますし、「ダストデビル」と呼ばれるつむじ風も何度も観測されており、地球上と同じような気象現象が起きていることも分かっています。

● 火星上の液体

　これほど地球と似た環境を有する惑星ならば「生命が存在していてもおかしくないかも」と想像するのは、自然なことだと言えるでしょう。

　これまでも人類は、「火星」に「地球外生命体」の姿を夢見てきました。

　しかし、「地球の表層環境」と「火星の表層環境」とでは一つ大きく異なる点があります。それは、「液体」の水の有無です。地球には生命の発生や

※9　ぜひ「Google Mars」(https://www.google.com/mars/) を訪れてみてください。火星の地表面画像を詳細に見ることができます。あまりの解像度の高さに、きっと仰天されることでしょう。

第1章 現在の太陽系の姿

進化にとって重要と考えられている「海」が存在していますが、火星の表面は乾燥した砂漠のような風景が広がるのみで、「液体の水」は存在していません。

ところが、「火星」の表面をよく見てみると、明らかに「何かしらの液体」が流れて作られたと思われる地形が至るところで見られます。

実は、「火星」には昔は液体の水が表面に存在していて、大規模な海や河川を形成していたと考えられているのです。

つまり、「火星」も以前は地球と似た地表環境を持っていた可能性、ひいては「生命の発生や進化」に適した環境が整っていた可能性が示唆されているのです。

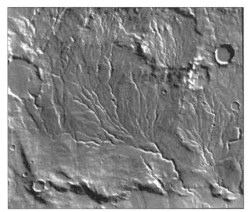

図 1-11　火星の流水地形。「バレーネットワーク」と呼ばれる、地球の川とよく似た支流系の構造で、過去に地表を水が流れた証拠だと考えられる。（©NASA/LPI）

さてそれでは、この過去に存在していた大量の水はいったいどこに行ってしまったのでしょうか。

火星の「北極」と「南極」の部分を見てみると、白い物質で覆われているのが分かります。

これらは「極冠」と呼ばれ、水と二酸化炭素の氷からなる層が積もったものであることが分かっています。過去に存在していた「水の大部分」は、この「極冠」の中に氷として閉じ込められているのです。

さらに、水の一部は「火星」の地下にも氷の形で閉じ込められていると考えられています。「火星」は一見すると乾燥したカラカラの惑星のようですが、実はあちこちに水を隠しもっている惑星だと言えますね。

[1.3] 地球型惑星

● 火星上の「原始生命」

　さて、表面に「液体の水」をもっていた「過去の火星」において、「原始生命」が発生した可能性はもちろん考えられます。

　実はそうした議論に対して、以前衝撃的な報告がなされたことがありました。1996年8月、科学雑誌「サイエンス」[※10]に「火星隕石中に原始生命体の痕跡が発見された」という論文が掲載されました。

　火星からやってきたと考えられる「ALH84001」という名前の隕石を詳細に調べたところ、原始的な生物の痕跡らしき構造が見えたというのです。

　この報告に対しては、その後さまざまな議論が行なわれてきましたが、反論や否定的な意見も多く、残念ながら現在では原始生命の証拠であるとは考えにくい、と思われています。

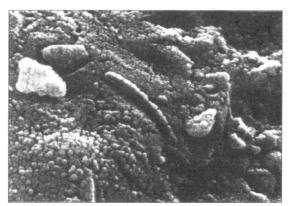

図 1-12 「ALH84001」に含まれる「鎖状構造」（Wikipediaより）。「火星生物の痕跡である」との報告がなされ、大きな議論を巻き起こした。

※10　科学的な研究の成果はすべて論文という形で世の中に発表されます。論文を掲載する専門雑誌は多種多様ありますが、その中でも歴史的に重要な論文を掲載し続けてきた「サイエンス」と「ネイチャー」は、最も有名で影響力の大きい2大雑誌と言えるでしょう。

第1章 現在の太陽系の姿

1.4 巨大ガス惑星・氷惑星

太陽系の内側には4つの「地球型惑星」が回っていましたが、外側には4つの「巨大惑星」である「木星、土星、天王星、海王星」が回っています（表1-2）。

特に「木星」と「土星」は「巨大ガス惑星」、「天王星」と「海王星」は「巨大氷惑星」と呼ばれており、大きく2つのタイプに分類することができます。

表 1-2 太陽系の巨大惑星の特徴

	木星	土星	天王星	海王星
軌道長半径 [AU]	5.2	9.6	19.2	30.1
公転周期 [年]	11.86	29.46	84.02	164.7
質量 [地球質量]	317.8	95.2	14.5	17.2
半径 [地球半径]	11.2	9.4	4.0	3.9
密度 [kg/m^3]	1,330	690	1,270	1,640
衛星の数	69	62	27	14

■ 木星

「木星」は太陽系で最も大きな惑星です。

太陽からの距離は「5.2AU」、半径は「71,492km」（地球の11.2倍）、質量は「1.9×10^{27}kg」（地球の318倍）と、「地球型惑星」と比べると圧倒的な大きさを誇っています。

「木星」は「巨大ガス惑星」という名前のとおり、質量のほとんどが「水素」と「ヘリウム」のガスから成っています。

岩石や鉄と比べるとずいぶん密度の小さな「ガス成分」だけで、これほどの質量になっているわけですから、いかに膨大な量のガスをまとった惑星であるかが分かりますね。

● 木星の内部構造

「木星の内部構造」については、探査機による慣性モーメントの観測などから、中心には地球質量の10倍程度の「鉄」や「岩石」からなるコアが存在していることが示唆されています。

[1.4] 巨大ガス惑星・氷惑星

しかし残念ながら、「木星」は「分厚いガス」に覆われているため、非常に高圧であり、深部まで探査機を送って観測することができないため、「木星内部の温度圧力状態」については、まだよく分かっていないのが現状です。

●大赤斑

一方で「木星」は非常に大きな惑星であるため、望遠鏡で覗くと、表面の縞模様までくっきりと見ることができます。

その表面模様の中でも突出して目立っているのが、「大赤斑」と呼ばれる大きな渦です。

「大赤斑」は地球2個ぶんほどの大きさをもち、「高気圧性の渦」だと考えられています。時々刻々その形状を変化させていることが分かっていますが、非常に古くから途切れることなく観測され続けており、少なくとも350年以上、消えずに存在し続けています[※11]。

「大赤斑」については、「形成メカニズム」や「消失までのタイムスケール」など、分かっていないことも多く、木星の大きな謎の1つとなっています。

図 1-13　木星の大赤斑。「ボイジャー1号」により撮影されたもの。図中上部の最大の渦が大赤斑で、その下の白い楕円の渦がほぼ地球と同じサイズである。(©NASA/JPL)

※11　最初に「木星」の「大赤斑」を望遠鏡で観測したのは、イタリアの天文学者カッシーニだと言われています。しかし、近年になって大赤斑のサイズが年々小さくなっているのが確認されており、もしかすると、近い将来「木星」の「大赤斑」が消える瞬間を我々は目撃することになるかもしれません。

第1章 現在の太陽系の姿

■ 土星

　もう1つの巨大ガス惑星は、美しい環を持つ「土星」です。

　太陽からの距離は「9.6AU」、半径は「60,268km」（地球の9.4倍）、質量は「5.7×10^{26}kg」（地球の95倍）であり、木星には及びませんが非常に巨大な惑星であることが分かります。木星同様、主に「水素」と「ヘリウム」のガスから成る惑星であり、太陽系で最も密度が小さい惑星としても有名です[※12]。

●「環」（リング）

　土星の一番の特徴は、何と言っても明確に見える「環」（リング）をもっていることでしょう[※13]。

　現在までに発見されている「環」は、内側から順に「D環」「C環」「B環」「A環」「F環」「ヤヌス／エピメテウス環」「G環」「パレネ環」「E環」「フェーベ環」と名前がつけられています。

　「環」は遠くから見ると薄っぺらい「円盤」のような構造に見えますが、実際にはcmサイズの「氷」と「塵」の粒子が集まって構成されたものだと考えられています。

　「土星」に非常に近い位置では、「土星の潮汐力」（引き伸ばしてバラバラにしようとする力）が天体の「自己重力」（自分自身の重力でくっついて一つになろうとする力）よりも大きくなるために、「破壊」が卓越し、天体が細かいサイズの粒子にまでバラバラに砕けてしまいます。

　このバラバラの粒子が集まったものが「環」として見えているというわけです。

※12　土星の密度は0.69g/cm^{3}程度であり、水よりも低密度です。もし惑星を浮かべることのできる巨大なプールがあったとしたら、土星だけは沈まずにプカプカと浮かぶことになります。
※13　あまり知られていませんが、実は他の巨大惑星（木星・天王星・海王星）も薄い環をもっています。ただし土星ほどくっきりとした環ではないため、画像として環の存在を認識することはあまりありません。

[1.4] 巨大ガス惑星・氷惑星

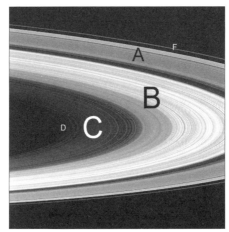

図 1-14 土星の環。カッシーニ探査機により撮影されたもの。主要な環には名前が付けられている。（©NASA/JPL/Space Science Institute）

■ 天王星

最後は「巨大氷惑星」です。

1つ目は「天王星」で、太陽からの距離は「19.2AU」、半径は「25,559km」（地球の4倍）、質量は「8.7×10^{25}kg」（地球の14.5倍）となっています。

「分厚い氷の層」と「薄いガスの層」から成り、土星に次いで比較的はっきりとした「環」をもった惑星です。

●「横倒し」の自転軸

「天王星」の最大の特徴は、「自転軸」が黄道面に対して「横倒し」になっていることでしょう。コロンと横に倒れた状態で太陽の周りを回っているため、「自転軸」が太陽の方向を向いているときには、太陽側は「一日中昼」、逆側は「一日中夜」になってしまいます。

「自転軸」が倒れた原因としては、「天王星」が形成された後に、別の大きな天体が「天王星」に衝突して軸を傾けた、というシナリオが考えられています。

第1章 現在の太陽系の姿

■ 海王星

そしていよいよ最後の惑星は、もう一つの「巨大氷惑星」である「海王星」です。

太陽からの距離は「30.1AU」、半径は「24,764km」(地球の3.9倍)、質量は「1.0×10^{26}kg」(地球の17.2倍)と、「天王星」とおおよそ同じ程度のサイズ感となっています。

● 消失した「大暗斑」

「海王星」の表面には以前「大暗斑」と呼ばれる大きな渦が観測されていましたが、現在ではすでに消失しています。

「木星の大赤斑」とは異なり、非常に短期間で消えてしまいました。「大赤斑」同様、その形成メカニズムについては、よく分かっていません。

1.5 衛星

「太陽系」には、地球の「月」だけではなく、多くの惑星の周りを多種多様な「衛星」が回っています。

それらの多様性は、「惑星」そのものにも勝るとも劣らぬほどであり、非常に魅力的な特徴をもった「衛星」も数多く存在しています。

ここではその一部を簡単に紹介していきます。

■ 月

まずは「月」から見ていきましょう。

「月」は、何と言っても我々人類が唯一降り立ったことのある「地球外天体」です[※14]。

地球からの距離は約「384,400km」、半径は「1,737km」(地球の 0.27 倍)、質量は「7.3×10^{22}kg」(地球の 0.012 倍) で、中心惑星とのサイズ比でいうと、他の惑星の衛星と比べて、相対的にかなり大きな衛星となっています。

● 潮汐力

「地球」と「月」はお互いに「潮汐力」を及ぼし合っており、そのために「月」の「自転周期」と「公転周期」が同期しています。

つまり、「地球の周り」を 1 周する間に「月」自身も 1 回転することになっているのです。「月」が「地球」に常に同じ面を向けている (「地球」からは常に「月」の同じ面しか見ることができない) のはこのためです。

また「月」は重力が小さいためほとんど大気をもっておらず、表面には過去に形成された無数の「クレーター」が、「風化」の影響を受けずにその形を保ったまま残されています。

[※14] 人類が初めて「月面」に降り立ったのは 1969 年の「アポロ 11 号」ですが、人類が最後に「月面」に降り立ったのがいつかは知っていますか?
実は 1972 年の「アポロ 17 号」の「有人月面着陸」を最後に、45 年間 (2017 年現在)、人類は月に一度も行っていません。

第1章 現在の太陽系の姿

図 1-15 月の表側と裏側。（左）表側には「海」と呼ばれる黒っぽい部分が多く、（右）裏側には「高地」と呼ばれる急峻な地形が多いことが分かる。（©NASA/GSFC/Arizona State University）

■ 木星の衛星

他の惑星の衛星たちの中で、ひときわ多様な姿を示しているのは、「木星」の4つの「ガリレオ衛星」です。

ガリレオ・ガリレイによって最初に発見されたこの4衛星は、木星に近い側から、「イオ」「エウロパ」「ガニメデ」「カリスト」という名前がつけられています。

●イオ

最も内側に位置する「イオ」には、1979年に探査機「ボイジャー1号」が撮影した画像によって、なんと活発な火山活動が存在していることが明らかにされました。

その後も複数の探査機や地上からの観測により、「150回以上の火山活動」が確認されています。

「木星」や「他のガリレオ衛星」からの「潮汐力」がエネルギー源となっていると考えられていますが、これほど小さな天体で、現在まで火山活動が続いているというのは驚きです。

[1.5] 衛星

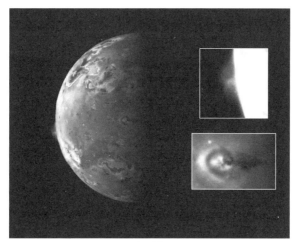

図 1-16　イオの火山活動（Wikipedia より）。
地表から噴煙が上がっているのが分かる。右は火山活動周辺の拡大図。

● エウロパ

　「イオ」の外側には、おそらく太陽系の衛星の中で最も有名だと言っても過言ではない「エウロパ」が回っています。

　「エウロパ」は「氷」に覆われた衛星ですが、その表面には無数の「ひび割れ」が存在し、そこでは「内部からしみ出してきたと思われる物質」が観測されています。

　これは、内部に「液体」、あるいは「シャーベット状の水」が存在している可能性を示唆しており、いわゆる「内部海」の存在が期待されています。

　「エウロパ」の「内部海」の底は、「地球」の「深海」の底と同じような環境になっている可能性があります。

　一方で、地球の生命が最初に誕生した場としては、「地球」の「海底火山」（「ブラック・スモーカー」と呼ばれます）が最有力だと考えられています。

　これらの類似性を考えると、もしかすると「エウロパ」の「内部海」には何らかの「生命」が発生しているかもしれません。

第1章 現在の太陽系の姿

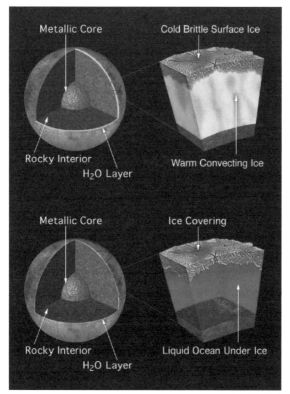

図 1-17　エウロパの内部海の想像図。氷の表面の下に、液体もしくはシャーベット状の海が広がっていると考えられている。（©NASA/JPL）

●「ガニメデ」と「カリスト」

　外側の巨大な2衛星である「ガニメデ」と「カリスト」についても、その内部構造など不思議なところがいくつもあり、「ガリレオ衛星」の多様性の起源は、非常に興味深い研究テーマとなっています。

　「ガリレオ衛星」をはじめとする「ガス惑星」周りの「衛星形成過程」については、**2-7節**で簡単に説明します。

[1.5] 衛星

■ 土星の衛星

さて、もうひとつのガス惑星である「土星」の周りにも、魅力的な「衛星」がいくつもあります。

● タイタン

まずは「土星」周りで最大の衛星である「タイタン」について見ていきましょう。

「タイタン」には2004年に探査機「ホイヘンス」が投入されたことで、その驚くべき姿が明らかになりました。

「タイタン」の表面は、基本的には「石」や「氷」の塊がゴロゴロと転がっている「荒れ地」のような風景をしていましたが、それに加えて各地に「湖」が散在していることが分かったのです。この「湖」は「水」ではなく、「液体のメタン」が溜まったものでした[※15]。

さらに驚くべきことに、「湖」から蒸発した「メタン」は上空で「メタンの雲」を作り、「メタンの雨」を降らせ、地表を流れて再び「湖」に戻るという、「メタンの循環」が「タイタン」上では起こっていたのです。

「地表を液体が大規模に循環している環境」というのは、現在地球以外では「タイタン」でしか見られません。

「物質循環システム」の存在は、生命の発生や進化にとっても重要であると考えられるため、「タイタン」は「地球外生命」が存在する可能性のある天体としても、大きな注目を集めています。

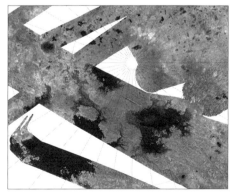

図 1-18　タイタンのメタン湖。カッシーニ探査機により撮影されたもの。液体の湖（黒い部分）が点在しているのが分かる。(©NASA/JPL=Caltech/USGS)

※15　「タイタン」の地表面温度は「マイナス170℃」ほどであり、「水」は完全に凍りつきますが、「メタン」にとってはちょうど「液体」で存在できる温度域になります。

第1章 現在の太陽系の姿

● エンケラドス

「土星」の別の衛星である「エンケラドス」も、最近、突然注目され始めた天体です。

探査機「カッシーニ」が「エンケラドス」の近くを通った際、なんと「エンケラドス」の表面から「間欠泉」が吹き出した瞬間をとらえたのです。

この「間欠泉」は、主に「水蒸気」から成っており、「エンケラドス内部」に「液体層」があることを示しています。

また後の詳細な分析によって、この「間欠泉」には「有機炭素」や「窒素」が存在していること、液体層の底に「熱水噴出孔」が存在していること——などが示唆されており、木星の衛星の「エウロパ」同様、「生命を宿す可能性のある内部海をもった天体」として、一躍有名になりました。

図 1-19 エンケラドスの間欠泉。カッシーニ探査機により撮影されたもの。表面の氷の下に液体の海が広がっていることが示唆される。（©NASA/JPL-Caltech/Space Science Institute）

第2章
太陽系形成論

"プチット・マドレーヌは、それを眺めるだけで味わってみないうちは、これまで何ひとつ私に思い出させはしなかった。"
　　　　——「失われた時を求めて」マルセル・プルースト

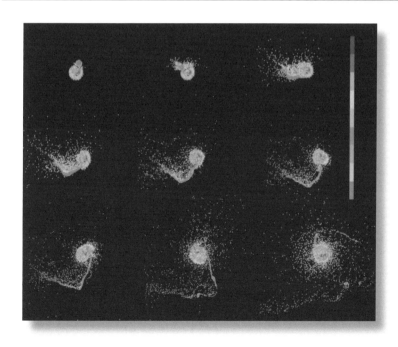

第2章 太陽系形成論

2.1 「太陽系形成論」とは

「太陽系がどうやって誕生したのか」についての理論体系のことを「太陽系形成論」と呼びます。

ところが、実はこれ、なかなか一筋縄ではいきません。

前章で見たとおり、「太陽系」というのはちょっと変わった構造をしています。

「太陽」の近くから小さな「地球型惑星」が4つ並んだ後、「小惑星」が点在するのみで惑星のいない領域が現われたかと思うと、突然巨大な「ガス惑星」が登場し、最後は「巨大氷惑星」や「太陽系外縁天体群」へと再びサイズダウンしていきます。

もしも「太陽系」が、「太陽に近い側からだんだん大きくなる」とか「太陽に近い側からだんだんガスの量が増える」とか、何かしら統一感のある姿をしていたら、「太陽系の起源」についても、シンプルな理論が作れそうな気がしますよね。

ところが、実際にはそうはなっていない。我々は、複雑なモデルを立て、複雑な過程を経ることで、この複雑な太陽系の姿を説明するより他ないのでしょうか。

いいえ、もちろんそんなことはありません。

1960年代〜70年代に、太陽系の成り立ちを統一的にシンプルに説明するためのモデル(「コア集積モデル」と呼びます)が、ロシアのサフロノフおよび京都大学の林忠四郎らの研究グループによって、ほぼ同時に発表されました。

このモデルは後に「京都モデル」と呼ばれ、太陽系形成論の古典的標準理論として、今でも広く受け入れられています[※16]。

本章では、この「京都モデル」を中心とした最新の太陽系形成論の枠組みについて、順を追って簡単に解説していきます(**図2-1**)。

※16 実は同時期にアメリカのキャメロンによって、太陽系形成論に関する別のモデル(「重力不安定モデル」)も発表されています。しかし彼のモデルでは多様な惑星の作り分けをうまく説明することができず、太陽系の形成に関してはコア集積モデルのほうに軍配が上がりました。

[2.1]「太陽系形成論」とは

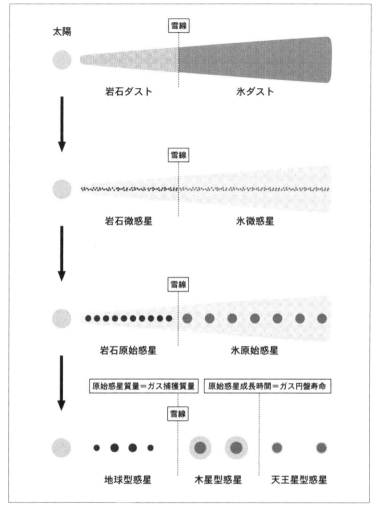

図 2-1　京都モデルにもとづいた太陽系形成論の全体像。
（理科年表より）

第2章 太陽系形成論

2.2 原始惑星系円盤

「京都モデル」には、大きく2つの仮定があります。
その1つ目が「円盤仮説」と呼ばれるもので、

- 「惑星系」は「原始惑星系円盤」から形成される
- 「原始惑星系円盤」は最小質量の「ガス」と「ダスト」から構成される

という仮定です。
　それではまず、この「原始惑星系円盤」というものについて、説明していきましょう。

■「原始惑星系円盤」とは

　突然ですが、夜空に光り輝く「星」たちは「宇宙」の中でどのように作られるかご存知でしょうか。
　「宇宙」はほとんど「無」に近いスカスカの世界ですが、その中に、ときおり周りよりも少しだけ密度が高い領域が存在します。
　この領域のことを「分子雲コア」と呼びます。巨大な「分子雲コア」は、長い時間をかけて自分自身の重力で収縮していき、中心の密度をどんどん上げていきます。
　そして、ある臨界点を超えたとき、その密度の中心に「星」が誕生することになります。

　こうして「星」が誕生するとき、その星の周りには自然と「円盤状の構造」、すなわち「原始惑星系円盤」が形成されると考えられています。
　では、なぜ「原始惑星系円盤」は自然と生まれるのでしょうか。その答の鍵は、「フィギュアスケートのスピン」にあります。

　「フィギュアスケートの選手」が、「高速スピン」をする姿をよく見てみましょう。
　最初は手を大きく広げたり足を横に伸ばしたりした状態で、比較的ゆっくりと回転しています。ところが、その手足を縮めていって体を小さくしていくと、回転速度がどんどん上がっていき、最後は目もくらむほどの高速なスピンになるのが分かります。
　これは、専門用語を使うと「角運動量保存の法則」というもので説明でき

[2.2] 原始惑星系円盤

ますが、ここではとりあえず、「大きな状態でゆっくり回転しているものが小さな状態になったとき、その回転速度は速くなる」ということだけ理解してください。

さて、それでは「星」の話に戻りましょう。

最初、低密度で巨大なサイズだった「分子雲コア」は、「自己重力」で次第に潰れていき、やがて「高密度で小さな星」へと進化していきます。

このサイズの変化は非常に大きいため、「分子雲コア」が最初にほんのちょっとでも回転していた場合[※17]、収縮して小さくなっていく過程で「分子雲コア」は急速に「回転速度」を上げていくことになります。

物体が回転すると、「回転軸」に垂直な方向には「遠心力」がはたらきます。

遊園地で「コーヒーカップ」に乗ったときに、「回転が速くなると体が外側に押し付けられるように感じる」、あの力です。

「分子雲コア」も、「回転速度」が上がっていくと大きな「遠心力」がはたらくことになり、最終的に「自己重力」の力と釣り合うことで、「回転軸に垂直な方向」には、それ以上潰れることができなくなります。

ところが、「回転軸に平行な方向」には遠心力ははたらきません。そのため、「分子雲コア」も「回転軸に平行な方向」には「自己重力」で潰れ続けます。

その結果、最終的には「一方向に薄く潰れて回転する円盤状の構造」、すなわち「原始惑星系円盤」が自然な帰結として形成されることになるのです（図2-2）。

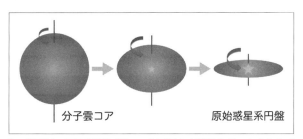

図2-2 分子雲コアの収縮に伴い、自己重力と遠心力のつり合いによって、原始惑星系円盤が自然と形成される。

※17 どの方向にもまったく回転していない完全な静止状態というのは、自然な状態ではまず実現されないので、これは妥当な仮定だと言えます。

第2章 太陽系形成論

■「原始惑星系円盤」の証拠

さて、以上で見たとおり、「原始惑星系円盤」の存在は「理論的には」正しそうです。

しかし、世の中には「机上の空論」という言葉があるように、理論的に正しそうに見えても、実際には間違っているというのはよくあることです。

「原始惑星系円盤」は本当にこの宇宙に存在し、惑星誕生の現場となっているのでしょうか。

「京都モデル」が発表された当時は、「原始惑星系円盤」のはっきりとした証拠はほとんどなく、わずかにいくつかの観測から、その存在が示唆されているのみでした。

しかし、その後「ハッブル宇宙望遠鏡」や「すばる望遠鏡」を始めとする「大型望遠鏡」による観測で、たくさんの「原始惑星系円盤」が発見されることになります。

しかもその姿は非常に多様で、「回転軸方向にジェットが噴出している円盤」や「非対称な複雑な構造をもった円盤」など、実にさまざまな円盤が見つかりました。

さらに2015年以降は、「アルマ望遠鏡」(正式名称:アタカマ大型ミリ波サブミリ波干渉計)の活躍により、「原始惑星系円盤」の詳細な構造まで見えるようになってきました(図2-3)。

現在、こうして見えてきた「円盤の構造がどのようなメカニズムによって作られるのか」「円盤の中で現在進行系で惑星が形成されている可能性はあるのか」などについて活発な議論が行なわれているところです。

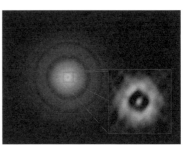

図2-3 アルマ望遠鏡による原始惑星系円盤の詳細な観測画像。(左)おうし座HL星の周りの原始惑星系円盤。同心円状の塵の環が幾重にも取り囲んでいる。(右)うみへび座TW星の周りの原始惑星系円盤。拡大図では、中心から約1.5億キロメートル(太陽と地球の距離)の位置で隙間構造が見えている。(©ALMA(ESO/NAOJ/NRAO))

[2.2] 原始惑星系円盤

以上のとおり、「京都モデル」の1つ目の大きな仮定である「円盤仮説」は、もはや単なる仮定ではなく、「現実的な状況設定だった」ということが分かります[※18]。

■「原始惑星系円盤」の具体的な構造

では最後に、「京都モデル」で考えている「原始惑星系円盤」の具体的な構造について見ていきましょう。

「原始惑星系円盤」は星形成の副産物として誕生するので、その組成は中心星の組成をほぼ反映していると考えるのが自然でしょう。

そのため、「原始惑星系円盤」は一般に質量の99%が「ガス」(主に水素とヘリウム)で、残りの1%が「ダスト」(岩石・鉄・氷などの固体成分)からなると考えられています。

さて、「ガス」と「ダスト」の割合はこれでよいとして、ではその「絶対量」はどう考えればよいでしょうか？

実は「京都モデル」においては、ここで1つ大きな仮定をおいています。それは「最小質量円盤モデル」というもので、以下の手順で「原始惑星系円盤」を作り上げます。

まず、現在の「太陽系の惑星」の「固体成分」(太陽質量の約1万分の1)をすりつぶして円盤状にならし、各惑星の軌道付近にばらまきます。

これが「円盤の固体成分」となるため、その約100倍の質量のガス成分をさらに全体に追加すると、「原始太陽系円盤」の出来上がりです。すなわち、「現在の太陽系の惑星を作るために必要な最小限の材料」のみで構成されている円盤ということになります (**図2-4**)。

[※18] 理論的にその存在が予言されていたものが、後の観測によって確認されるというのは、理論物理学者にとっては最高の喜びです。2016年の初めに検出され話題になった重力波も、アインシュタインが100年前に予言していたものでした。

第2章 太陽系形成論

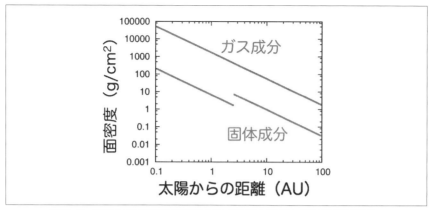

図 2-4 原始太陽系円盤における固体成分およびガス成分の面密度分布。
スノーライン（2.7AU 付近）の外側で固体成分の面密度が急に上がっているのが分かる。

　ところで図 2-4 を見ると、「2.7AU」付近で固体の面密度が急に大きくなっているのが分かります。
　この固体面密度変化の境界のことを「スノーライン」と呼びます。
　「スノーライン」より内側の軌道では、太陽からの放射が強く、円盤の温度が高いため、水は気体の状態（ガス成分）になりますが、「スノーライン」より外側の軌道では、円盤の温度が低く水は氷の状態（固体成分）になるため、この境界で固体成分の量が一気に増えているのです。

　2-4 節で詳しく述べますが、「スノーライン」の外側では固体成分が多いためにより大きな惑星を作ることが可能となり、木星や土星のような巨大ガス惑星が形成されることになったと考えられています。
　こうして復元された「原始太陽系円盤」は、太陽質量の 1% 程度の質量をもち、重力と遠心力のつり合いからサイズは「半径 100AU 程度」となります。
　この円盤の中で、太陽系の惑星たちが形成されていくことになるのです。

2.3 「ダスト」から「微惑星」へ

「京都モデル」の大きな2つの仮定のうち、もう1つは「微惑星仮説」と呼ばれるもので、

① 「ダスト」の集積によって微惑星が形成される
② 微惑星の集積によって固体惑星が形成される
③ 固体惑星にガスが降り積もることによってガス惑星が形成される

という仮定です。
　ここでは、まず1つ目の「ダスト」から「微惑星」が作られる過程を見ていきましょう。

■「ダスト」のスケールアップ

　宇宙空間に存在する固体物質のほとんどは、マイクロメートル・サイズ（メートルの100万分の1）の小さな塵の状態として存在しており、この塵のことを一般に「ダスト」と呼んでいます。
　惑星を作るということは、このマイクロメートル・サイズのダストをたくさん集めてきて、大きな塊にしていくということに他なりません。
　たとえば地球の直径は「10000キロメートル程度」ですから、「ダスト」から見ると「100000000000000倍」（！）にスケールアップすることになるわけです。
　「京都モデル」では、このスケールアップの際に「微小ダスト」をひたすらかき集めて惑星を作るのではなく、いったん「微惑星」と呼ばれる天体を経由することが仮定されています。
　つまり、最初は「ダスト」と「ガス」からなっていた「原始惑星系円盤」が、「微惑星」を形成することにより、「微惑星」と「ガス」からなる円盤へと進化し、この「微惑星」を材料物質として「惑星」が作られたと考えるわけです。
　小さな「レゴブロック」（微惑星）をたくさん使って、「巨大なレゴ作品」（惑星）を作るようなものですね。

第2章 太陽系形成論

なお、「微惑星」のサイズはキロメートル程度とされ、およそ現在の「小惑星」と同じぐらいの大きさです[※19]。

■「微惑星」の形成メカニズム

ということで、「京都モデル」において「微惑星」は、「惑星形成過程」のすべての「始まり」であり、惑星を作る上でなくてはならない存在と言えます。

この「微惑星」の形成メカニズムについては、現在2つの方法が提案されています。

●重力不安定説

まず1つ目は、「重力不安定説」と呼ばれる方法です。

非常に小さな「ダスト」は、「原始惑星系円盤」中の「ガス」の流れに乗って動きますが、ある程度以上「ダスト」が大きくなると、「ガス」から受ける摩擦抵抗が小さくなって、中心星の重力によって「原始惑星系円盤」の赤道面へと沈殿していくことになります。

沈殿が充分に進行したころには、「ダスト」はミリメートルからセンチメートルにまで成長し、この「ダスト」の沈殿層が「原始惑星系円盤」の赤道面に形成されると考えられます。

「ダスト」の沈殿層が充分に重くなると、沈殿層は自己重力によってキロメートル・サイズの塊に分裂し、一気に大量の「微惑星」が形成されることになります。もともと「京都モデル」でも、重力不安定による「微惑星」の形成が提案されていました。

●直接合体成長説

そしてもう1つが、「直接合体成長説」と呼ばれる方法です。

こちらは文字通り、「ダスト」が互いに衝突合体を繰り返しながら少しずつ大きくなっていき、最終的にキロメートル・サイズの塊にまで成長して「微惑星」が形成されることになります。

※19 たとえば、「探査機はやぶさ」が行った「小惑星イトカワ」の直径は「330メートル」。ただし、現在の「小惑星のサイズ分布」は後の「小惑星同士の衝突破壊」によって作られた可能性が高いため、「小惑星」が「微惑星」そのものの「生き残り」と考えてよいかどうかは議論のあるところです。

[2.3]「ダスト」から「微惑星」へ

■「微惑星」に至るまでの障壁

　ところが、「原始惑星系円盤内」での詳細な物理過程の理解が進むにつれ、「ダスト」から「微惑星」に至る成長過程において、数多くの「障壁」が存在することが分かってきました。

　その結果、実は現在までのところ上記のいずれの方法でも「微惑星を作ることは難しい」という状況になっています。

＊

　そこで以下では、「ダスト」から「微惑星」を作る際の「障壁」（**図 2-5**）について一通り解説をした後、各障壁をどのようにして乗り越えようとしているのか、研究の最前線について簡単に紹介していくことにしましょう[20]。

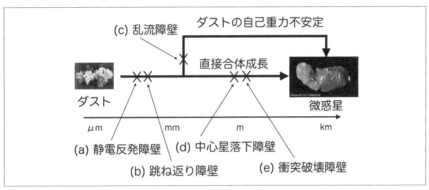

図 2-5　「ダスト」から「微惑星」まで成長する際に訪れるさまざまな障壁。サイズごとに異なる障壁が存在しており、「微惑星」を作るためにはいくつもの障壁を乗り越える必要があることが分かる。

(a) 静電反発障壁：まず初めに立ちはだかる壁は、「静電反発障壁」と呼ばれるものです。

　「原始惑星系円盤」は、外部からの「宇宙線」や「X 線」が絶えず降り注いでいることにより、「弱く電離[21]している」と考えられています。

※20　微惑星の形成過程については、未だ全員が納得できる「答」が得られていないのが現状です。そのため、ここで紹介する解決策もそれぞれが 1 つの「解答案」に過ぎず、数年後には完全に否定されている可能性すらある、ということを理解してください。
※21　電離とは、分子がエネルギーを受けて陽イオンと電子とに分かれる現象のことです。電離しているガスの中には自由に動ける電子がたくさんいるため、周囲の物質（今回はダスト）にくっついて、その物質をマイナスに帯電させることになります。

太陽系形成論

　この電離した「原始惑星系円盤」の中に置かれた「ダスト」は、周囲の「電離ガス」を捕獲することで、平均的に「マイナスの電荷」を帯びることになります。

　「磁石のマイナス同士」を近づけると反発するのと同じように、「マイナスに帯電したダスト同士」も互いに反発します。そうすると、「ダスト同士」をくっつけて成長させることが困難になってしまうのです。

(b) 跳ね返り障壁：「原始惑星系円盤」の中で、「ダスト」は別の「ダスト」と衝突し、重力で互いにくっつくことで大きくなっていくと考えられています。

　「ダスト同士」が衝突するとまずは互いに反発するのですが、ある程度以上重力が強い（「ダスト」が大きい）場合には、互いの重力で引っ張り合うために、離れていかずにくっつくことが可能です。

　ところが、「非常に小さなダスト同士」の衝突の場合、ダスト自身の重力が弱すぎることにより「跳ね返り障壁」という問題が生じます。

　つまり、衝突の際の反発によって「ダスト」はそのまま互いに離れていってしまい、成長させることができないのです。

(c) 乱流障壁：「ダスト」がある程度の大きさまで成長し、「原始惑星系円盤」の赤道面に沈殿し始めたところで現われるのが、「乱流障壁」という問題です。

　「原始惑星系円盤」が完全に穏やかな状態であれば、「ダスト」は赤道面に沈殿し続け、いずれ重力不安定により「微惑星」を形成することが可能です。

　しかし、実際には「原始惑星系円盤」の中ではさまざまな「乱流」が生じることが分かっています。わずかでも「乱流」が存在していると、せっかく赤道面に沈殿してきた「ダスト」は、その「乱流」によって「原始惑星系円盤上空」に巻き上げられてしまいます。

　落ち葉を掃き集めても、風が吹いて巻き散らかされてしまい、一向に掃除が終わらないようなものですね。

　これにより、いつまでたっても「ダスト」は沈殿層に集まることができず、重力不安定によって「微惑星」を作ることはできなくなるのです。

(d) 中心星落下障壁：一方で、「直接合体成長」によって「微惑星」を作る場合の最大の問題点は、「中心星落下障壁」と呼ばれるものです。

　「原始惑星系円盤」の中には、「ダスト」だけではなく「大量のガス」も存在しています。

[2.3]「ダスト」から「微惑星」へ

　非常に小さい「ダスト」はこの「ガスの流れ」に乗って一緒に中心星の周りを回り続けます。
　ところが、「センチメートル～メートル」サイズ程度まで「ダスト」が大きくなると、「ダスト」は「ガス」と独立に中心星の周りを「ケプラー運動」しようとするのですが、「ガス」から受ける空気抵抗のせいでその運動が阻害されることになります[22]。人が強い向かい風の中を走るときに、走る速度が遅くなるようなものです。
　そのため、「ダスト」は中心星の周りを安定に回り続けることができず、どんどん回転速度を失って「中心星」へと落下していくことになります。
　キロメートル・サイズの「微惑星」にまで成長してしまうと、もはや「ガス」の影響など気にせずに「ケプラー運動」を続けることができるのですが[23]、実際にはそううまくはいきません。
　メートル・サイズの「ダスト」の「中心星」への落下が非常に速やかに短時間で進行してしまうため、一般的に「ダスト」はキロメートル・サイズの「微惑星」へと成長する前に、すべて「中心星」へと落下して無くなってしまうことになります。

(e) 衝突破壊障壁：「ガス抵抗」による「中心星」への落下をなんとか免れたとしても、そもそもメートル・サイズの「ダスト同士」が衝突によって合体成長できるのか、という根本的な問題も存在しています。
　たとえば、地球軌道付近でのメートル・サイズの「ダスト同士」の衝突速度は、秒速数十～数百メートルほどになると見積もられます[24]。
　「衝突実験」や「数値シミュレーション」の結果を見ると、これほど高速で「ダスト同士」が衝突した場合、「合体成長」よりも「破壊」が卓越してしまうと考えられています。
　この問題は「衝突破壊障壁」と呼ばれ、「直接合体成長」による「微惑星形成」は、そもそも非常に困難である可能性があるのです。

---

[22] メートル・サイズの岩石や氷の塊を「ダスト」と呼ぶのにはちょっと抵抗があるかと思いますが、よび方をサイズによって変えるとかえって分かりづらくなるので、ここでは我慢してすべて「ダスト」と呼んでいきましょう。
[23] こちらは、たとえば向かい風の中をトラックが走るようなものですね。ちょっとぐらい風が吹いていたところで、トラックはまったく気にもとめずに同じ速度で走り続けます。
[24] 時速に直すと数百キロメートルほどになります。つまり、新幹線の速度で岩の塊同士がぶつかるようなものです。

第2章 太陽系形成論

■ 各障壁を乗り越えるための「アイデア」

さて、こうして「微惑星形成」についての「障壁」を列挙してみると、各サイズごとに異なる「障壁」が存在し、成長の過程で次から次へと問題が押し寄せてくることが分かります。

このまま問題点を指摘するだけでは、「微惑星」の形成はほとんど絶望的な気がしてきます。

しかし、そうも言ってはいられないので、次に各障壁を乗り越えるための「アイデア」をいくつか紹介しましょう。

(a) **静電反発**を抑える最もシンプルな方法は、そもそもの「原始惑星系円盤」の「電離」の程度を弱くしてしまうことです。

使える「電子の量」が少なければ、すべての「ダスト」を「マイナスに帯電」させることができず、「帯電していないダスト」は、互いに「付着成長」により、大きくなっていくことが可能です。

もう1つの方法は、「ダスト同士」の「相対速度」を大きくしてあげることです。

つまり、「静電反発」に打ち勝つだけの速い速度で「ダスト同士」がぶつかって成長することができれば、この障壁は乗り越えられるのです。

これらのアイデアの「実現可能性」については、「詳細な数値シミュレーション」によって検証が行なわれているところです。

*

(c) **重力不安定**によって「微惑星」を形成するためには、「ダストを高密度に濃集させる」必要があります。

「中心星」の重力を利用して、「ダストを原始惑星系円盤の赤道面に沈殿させ、高密度の状態を作ろう」というのがもともとのアイデアでしたが、実はこれ以外にも局所的に「ダスト」を濃集させる方法はいくつも考えられます。

たとえば「原始惑星系円盤」中に渦が発生し、その渦の中に「周囲のダスト」が大量に流れ込めば、渦の中心で「ダスト面密度」が充分に大きくなり、重力不安定によって「微惑星」が形成されるかもしれません。

あるいは、「原始惑星系円盤ガス」が「中心星」に向かって「高速に流れている領域」(「活動領域」と呼びます)と、その流れが「滞っている領域」(「静穏領域」と呼びます)が連続して存在している場合、その境界に「ダスト」が濃集し[25]、同様に「重力不安定」が起きるほどの「ダスト面密度」を実現できる可能性があります。

※25 高速道路から一般道路に出るところで渋滞が発生するようなもの。

[2.3]「ダスト」から「微惑星」へ

　これらはいずれも局所的に「微惑星」を作るアイデアであるため、「原始惑星系円盤」全体で太陽系形成に充分な量の「微惑星」を作ることが可能なのか、多様な「原始惑星系円盤」において「普遍的に実現できるプロセスなのか」などといったことが現在も調べられているところです。

＊

　(b), (d), (e) **ダスト同士の跳ね返り**や**衝突破壊**、そして**ガス抵抗による中心星への落下の問題**では、すべて「ダスト」がコンパクトに圧縮されたものであることが暗に仮定されていました。

　つまり、我々が手に取ってもつことにできる「岩石塊」のようなものを頭の中に描きながら、それらの挙動について調べてきたわけです。

　では、もしもこの「ダスト」が非常に密度の小さな「フワフワ」の塊だったとしたらどうなるでしょうか？

　ここで頭の中にイメージするべきものは、「岩石塊」ではなく、「わた菓子」です。「岩石塊同士」をぶつけた場合は、跳ね返ったり破壊されたりすることがありますが、「わた菓子同士」をぶつけた場合は、きっと互いにクシャッと潰れて合体することでしょう。

　また、「わた菓子」は風に乗って「フワフワ」と浮かんでいけるため、原始惑星系円盤内でもガスの流れに乗って一緒に中心星の周りを回り続けることが可能でしょう。

　この「フワフワ・ダスト」が実際に存在すれば「微惑星形成」に関するいくつかの問題が一気に解決する可能性があるため、近年その作り方や特徴についてさまざまな研究が進められているところです。

＊

　最後に (d) **中心星落下障壁**について、むしろこの「障壁」をポジティブに利用してやろう、という野心的な試みについて紹介します。

　「ダスト」はセンチメートル・サイズ程度になると中心星に向かって落下を始めます。

　この状況は、その場の領域から見ると「ダストが取り除かれる」ことを意味しますが、より内側の領域から見ると「遠方からダストが降ってくる」ことを意味します。

　もしこの内側領域にすでに大きめの天体が存在していた場合、遠方から降ってきた「ダスト」がこの天体に次々と衝突し、天体を成長させることが可能かもしれません。

第2章 太陽系形成論

　このセンチメートル・サイズの「ダスト」は「ペブル」[※26] と呼ばれ、「ペブル」の集積による「惑星形成」の可能性については、現在世界中で精力的に研究が進められているところです。

※26 「ペブル」とは「小石」という意味です。

2.4 「微惑星」から「原始惑星」へ

なんとか「微惑星」を作ることができたら、次はいよいよこの「微惑星」を大量に集めて「惑星」を作っていくことになります。

まずはその最初のステップである、「微惑星」から「原始惑星」が作られる過程を見ていきましょう。

■「微惑星」の「衝突合体」

「微惑星」は「原始惑星系円盤」内で、「ガス」とは独立に中心星の周りを「ケプラー回転」しています。

そのため、個々の「微惑星」は外部からの摂動が無ければ永遠にそれぞれ同じ軌道を回り続け、「衝突合体」することはありません。それでは、「微惑星」はいったどうやって互いに衝突して成長していくのでしょうか。

その答は、「微惑星自身による重力相互作用」です。すべての物質は「万有引力の法則」に従い、互いに重力を及ぼし合います。

「微惑星」はキロメートル・サイズの小さな天体ですが、互いに小さな重力でもって押し合いへし合いすることにより、少しずつ軌道がゆがみ、いずれ「別の微惑星」の軌道と交差することで衝突を起こすのです[※27]。

こうして、初期に「原始惑星系円盤」内に大量に存在していた「微惑星」は、互いに「衝突合体」を繰り返し、その数を減らしながら大きな天体へと成長していくことになります。

ちなみに、「微惑星同士の衝突」の際には合体だけではなく「微惑星自身の破壊」も起きることが予想されますが、「破壊」によって生じた「衝突破片」の多くは「微惑星の重力」によって再び「微惑星」に戻ってくると考えられます。

そのため、「微惑星同士の衝突過程」は、基本的には「合体成長」によってより「大きな天体」を作る方向に進んでいくことが期待されます。

※27　人間社会も同じようなものかもしれません。互いに無関心で一切の干渉が無い社会では、各人は未来永劫同じパーソナリティを保ち続け、人間的な成長は見込めませんが、わずかずつでも他者との交流がある社会では、他者との衝突を繰り返しながら、人間的な成長が促進されることになります。

第2章 太陽系形成論

■「微惑星」の成長モード

さて、あとはひたすら「微惑星同士」を衝突させて、「惑星サイズの天体」を作っていけばよいわけですが、ここでひとつ、簡単な問いについて考えてみましょう。

> 問：微惑星の成長モードは以下のいずれであるか（図2-6）
> (a) **秩序的成長**：すべての微惑星は、互いに同じスピードで成長していく
> (b) **暴走的成長**：あるいくつかの微惑星のみが、卓越的に成長していく 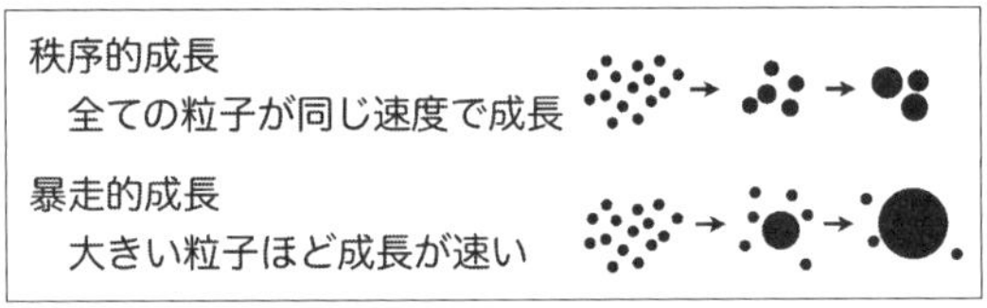
>
> 秩序的成長
> 　全ての粒子が同じ速度で成長
> 暴走的成長
> 　大きい粒子ほど成長が速い
>
> **図2-6** 秩序的成長と暴走的成長の模式図。

ある人はこう考えるでしょう。

> すべての「微惑星」は互いに等価である。その中で「特別な」微惑星が存在すると考える方が不自然である。よって、すべての「微惑星」は同じスピードで成長し、「微惑星集団」は全体として少しずつそのサイズが底上げされていくはずである。

なるほど、これは確かに理にかなった説明であり、説得力もありますね。

ところが一方、こう考える人もいるでしょう。

> 最初はすべての「微惑星」は互いに同等かもしれない。しかし「衝突合体」の過程で少しだけ「周りより大きな微惑星」ができてしまった場合、その「微惑星」はサイズが大きいために、より別の「微惑星」とぶつかりやすくなっているはずである。また、「大きな微惑星」は重力も強いため、より周囲の「微惑星」を引きつけて衝突が起こりやすくなるはずである。
> よって、「大きな微惑星」ほどより大きくなることが期待される。

なるほど、こちらも一見正しい気がしてきます。

では、本当のところ、どちらが正しいのでしょうか。

[2.4]「微惑星」から「原始惑星」へ

　実はこの問題、問いそのものは非常にシンプルなのですが、理論的にそう簡単には答えることのできない「難問」なのです。
　「難問」である理由はいくつかありますが、そのひとつは「微惑星同士の重力相互作用」がいわゆる「多体問題」であることです。
　これは後に述べるこの難問の解決方法にも関わってくる内容なので、以下で少し丁寧に説明しましょう。

■ 多体問題

　ニュートンによって発見された「万有引力の法則」は、それ自体は極めてシンプルな形をしています。

- 質量をもつすべての物質は互いに引力を及ぼし合う
- 引力の大きさはその質量に比例し、互いの距離の2乗に反比例する[28]

　たったこれだけです。
　すなわち、重いものほど引力が強く、距離が近いほど引力が強い、ということです。
　こんな単純な法則に支配されているにも関わらず、「微惑星同士の重力相互作用」がどのような成長モードを引き起こすのかを知ることが難しいというのは、一見不思議に思えますね。
　実は「重力」については、2体間の場合には「厳密解」が存在していて、その振る舞いを完全に予想することが可能です。
　ところが相互作用する物体が「3体」になった途端、一般には「厳密解」が存在しなくなってしまいます。
　これが「微惑星」のように1億体というようなオーダーで相互作用をすると、もはや個々の振る舞いについて知ることは不可能となります。

＊

　以上の問題は「多体問題」と呼ばれていて、この問題のせいで個々の「微惑星」の軌道進化を解析的に求めることはできません。
　一方で、いくつかの仮定をおいて状況をモデル化することで、「微惑星集団全体としての進化」をある程度予想することは可能です。しかし、「微惑星の成長モード」が「秩序的成長」になるのか「暴走的成長」になるのかは、

※28　距離が2倍離れたら引力は $1/2^2=1/4$ 倍になり、5倍離れたら $1/5^2=1/25$ 倍になる、といった具合です。

第2章 太陽系形成論

状況次第ということもあり、判定するのはやはり難しいのです。

■ N体計算

さて、それではどうやって「成長モード」を調べればよいのでしょうか。

一般に、解析的に答を得ることが難しい場合には、コンピュータを用いた数値計算に頼るのが、常套手段となっています。

つまり、「個々の微惑星」に働く重力をすべて計算し、時々刻々その動きを計算していくのです。全体としての振る舞いが予想できないのなら、しょうがないから「すべての微惑星」の動きを逐一追いかけるしかない、という「力技」で攻めていこうということです。

この"数値計算による力技"のことを「N体計算」と呼びます。

ところが、この「N体計算」もこれまた一筋縄ではいかないのです。

問題は、「微惑星の数が多すぎること」。重力というのは、すべての物質がすべての物質と互いに及ぼし合う力であるため、考える「微惑星」の数が多くなると、計算量が一気に膨大になってしまいます。

たとえば「1000個の微惑星」について計算しようとすると、まず「最初の1つ」について「他の999個の微惑星」からの重力をすべて計算し、次に2番目の微惑星について再び他の999個の微惑星からの重力をすべて計算して、というのを「1000回繰り返す」と、ようやくある瞬間に「すべての微惑星」にはたらく力が分かります。

この力によって、「微惑星」はそれぞれ少しずつ動くわけですが、動くことで「相対位置」が変化すると、「各微惑星」に働く重力も変わってしまうので、再び上記の重力計算をすべてやり直さないといけません。

これを、「充分に衝突進化が進む」まで繰り返そうとすると、たった「1000個の微惑星」の場合であっても、途方もない時間がかかることになります。

*

ということで、「N体計算」を普通のパソコンなどで行おうとすると、計算が終わるまでに数年かかるというような非現実的なことになってしまいます。

かといって、「スーパーコンピュータ」クラスのマシンを独占的に長期間利用し続けることも難しい。

この困難な状況を打開したのが、当時東京大学に所属していた杉本大一郎・戎崎俊一・牧野淳一郎・伊藤智義らの研究グループでした。

彼らは「N体計算」を効率的に行なうために、多体問題専用計算機

[2.4]「微惑星」から「原始惑星」へ

「GRAPE」(グレープ) を自作したのです[※29]。

■ 多体問題専用計算機「GRAPE」

「GRAPE」のアイデアは以下のとおりです。

「重力計算」はとにかく計算量が膨大である一方で、計算そのものは非常に単純なものの繰り返しである。すなわち、「各微惑星間の距離の2乗分の1」をひたすら計算することに尽きる。

ならば、その部分だけを計算するための「専用計算機」を作ればよいのではないか。このアイデアは見事に当たりました。

「GRAPE」は「粒子間相互作用の部分」(距離の2乗分の1) の計算だけを行なう計算機です。

一般のパソコンではメールを読んだり、書類を作成したり、プログラムを書いたり、いろんなことができますが、「GRAPE」は距離の2乗分の1の計算しかできません。

しかし逆に言うと、それだけ機能を絞り込むことによって、「重力計算」だけは「スーパーコンピュータ」にも負けない圧倒的な速さで計算することが可能となったのです。

＊

この後「GRAPE」を用いた惑星形成に関する「N体計算」が日本のグループを中心に精力的に進められ、新しい成果が次々と発表されていくことになります。

もちろん「微惑星集積」の成長モードに関する問題についても、「GRAPE」がその答を出しました。

実際にある軌道に微惑星をばらまいて「衝突進化」を繰り返していったところ、ひとつの大きな天体のみが卓越的に成長していくこと、すなわち「暴走的成長モード」が起きることが分かったのです (**図2-7左**)。

こうして暴走的に成長して周囲よりも圧倒的に大きくなった天体のことを「原始惑星」と呼びます。

[※29] 基板を買ってきて、各演算器をワイヤラッピングで結線して、という感じでまさに「手作り」された計算機です。なんと制作費わずか20万円程度で、重力計算に関しては当時のスーパーコンピュータ並みの性能をもっていました。

第2章 太陽系形成論

■「暴走的成長」と「寡占的成長」

さて、暴走的成長モードにおいては大きい天体ほどより大きくなるため、このままでは太陽系には巨大な惑星がひとつだけできそうな気がしてきます。

実際に計算結果（**図2-7左**）を見てみると、確かに原始惑星は1つしかできていません。これはどういうことなのでしょうか。

実はこの計算では、「微惑星」を非常に狭い軌道範囲（0.99-1.01 AU）にのみばらまいていたため、ひとつの天体しか育たなかったのです。

少し軌道範囲を広げて（0.95-1.05 AU）同じ計算を行なってみると、互いに適当な間隔を空けて複数の原始惑星が形成されているのが分かります（**図2-7右**）。

各軌道での「暴走的成長」を経て、最終的にいくつかの天体のみが同程度のサイズで複数並んで成長していくことを「寡占的成長」と呼びます[※30]。

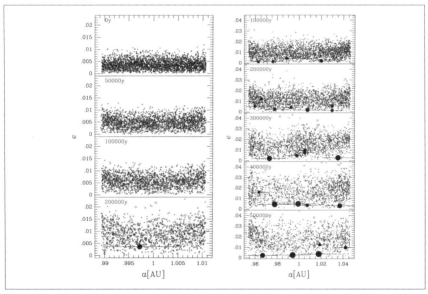

図 2-7　微惑星の成長についてのシミュレーション結果（Kokubo & Ida (2000) より）。横軸は軌道長半径、縦軸は離心率。各点が微惑星に対応し、その大きさで実際の微惑星の大きさを示している。最上段が初期状態で、下に行くほど微惑星の衝突進化が進んでいる。（左）暴走的成長の様子。0.997AU付近に低離心率の原始惑星が形成されている。（右）寡占的成長の様子。複数の原始惑星が適当な間隔を空けて並んでいる。

※30　「暴走的成長」と「寡占的成長」の身近な例としてよく挙げられるのが、お金のあるところにはさらにお金が集まってきて、どんどんお金が増えていく、というものです。世界の人口のわずか1％が世界全体の富のほぼ半分を独占している、というのは有名な話です。

[2.4]「微惑星」から「原始惑星」へ

　こうして初期に大量に存在していた「微惑星集団」は、「暴走的成長」と「寡占的成長」の後、各軌道に応じた質量と軌道間隔をもった少数の「原始惑星集団」へと進化するのです。
　ということで、太陽系全体として8つほどの「原始惑星」が現在の各惑星の質量と軌道間隔で形成されれば、すべての惑星がめでたく形成されて「太陽系の完成」…ということになりそうなのですが…残念ながら、現実はそう甘くはありません。
　実際に「原始太陽系円盤」に対応する「最小質量円盤」の場合について、各軌道での「原始惑星の質量」を見積もった結果、いくつかの惑星は予想される「原始惑星の質量」よりもはるかに大きいことが分かったのです（図2-8）。
　「金星」と「地球」は「原始惑星」の10倍ほど、「木星」と「土星」も「原始惑星」の10～50倍ほどの質量をもっています。
　つまり、「惑星形成プロセス」は「微惑星」の「暴走的成長」「寡占的成長」で終わりではなく、まだその続きがあることになります。

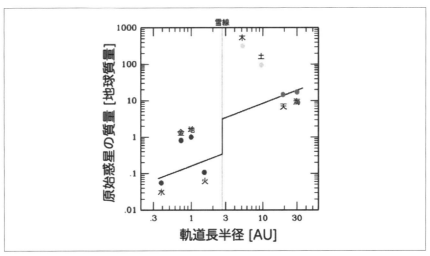

図 2-8　N体計算によって求まった各軌道における原始惑星の質量。
各点は現在の太陽系の惑星の軌道と質量を示している。（© 小久保英一郎）

　ちなみに、「火星」と「木星」の間で「原始惑星のサイズ」に大きなジャンプがあるのは、**2-2節**で説明した「スノーライン」の存在によるものです。
　つまり、「スノーライン」の外側では「水が固体の氷として凝縮する」ため、「原始惑星」を作る材料物質である「微惑星の量」が数倍に増え、より大きな

第2章 太陽系形成論

「原始惑星」が形成されることになるわけです。

　太陽系の場合、「太陽の光」のみが加熱源だと考えた場合には、「スノーライン」はおよそ「2.7AU」付近にくることが分かります。
　これは、現在の「小惑星帯」の位置に相当しており、ちょうど「スノーライン」の外側で「巨大ガス惑星・巨大氷惑星」が形成されていることと、辻褄が合っていることになります。

＊

　詳しくは次節より解説していきますが、簡単にまとめておくと、各惑星は以下の進化を経て、最終的な姿になったと考えられています。

- **水星**：原始惑星そのまま（あるいは原始惑星の衝突破壊を経験）
- **金星**：原始惑星同士の衝突合体による成長
- **地球**：原始惑星同士の衝突合体による成長
- **火星**：原始惑星そのまま
- **木星**：原始惑星へのガス集積によるガス惑星への成長
- **土星**：原始惑星への（中途半端な）ガス集積によるガス惑星への成長
- **天王星**：原始惑星そのまま（ただし形成過程が異なる可能性あり）
- **海王星**：原始惑星そのまま（ただし形成過程が異なる可能性あり）

2.5 「原始惑星」から「地球型惑星」へ

それでは、いよいよ「地球型惑星」を作っていきましょう。

まずいちばん太陽に近い側には、サイズは「最小」で「鉄コア」の割合がやたらと高い「水星」がいます。

その外側には、ほぼ等サイズの「金星」と「地球」が並びますが、「金星」は他の地球型惑星とは「逆回転の自転」をしていたり、一方で「地球」には「巨大な月」が存在しているなど、特徴は大きく異なっています。

そしていちばん外側には、「地球の10分の1程度」の質量しかない小さな「火星」が回ります。

この多様性に富んだ「地球型惑星」をいかにして作っていくのか、実際に見ていきましょう。

■ 原始惑星同士の衝突

「地球型惑星形成領域」では、「微惑星」の「暴走的成長」「寡占的成長」を経て、およそ20個程度の「原始惑星」が形成されたと考えられています。

「原始惑星」は火星程度の非常に大きな天体であるため、互いに強い重力相互作用を及ぼし合います。

しかし、「原始惑星系円盤」内にガスがまだ残っている間は、少しばかり「原始惑星」の軌道が乱されたとしても、ガス抵抗によってその乱れが緩和されることで再び元の円軌道に戻ることが可能です。

ところが、「原始惑星系円盤ガス」は永久に存在し続けるわけではありません[※31]。「粘性降着」によって「中心星」に落下したり、「中心星」からの「放射」を受けて宇宙空間に散逸したりすることで、およそ100万年から1000万年ほどかけて消失していくと考えられています。

「原始惑星系円盤ガス」が失われてしまうと、もはや「原始惑星」の軌道の乱れを緩和してくれるものはなくなります。

すると、「原始惑星」は互いの重力により長い時間をかけてその軌道を大きく乱し合い、いずれ軌道が交差して衝突することになります。

この「原始惑星同士の巨大衝突」のことを「ジャイアント・インパクト」と呼びます。

※31 現在の太陽系には「原始惑星系円盤ガス」は存在していないので、どこかの段階で失われたのかは明らかです。

第2章 太陽系形成論

■ ジャイアント・インパクト

「ジャイアント・インパクト」は「火星同士」が衝突するようなもので、非常に激しいイベントです。

衝突の際には、ぶつかる角度や相対速度によっては天体が大きく破壊されてしまうこともあり得ます。

しかし、「衝突破片」や「破壊された天体」自身は衝突の軌道付近に散らばり、またもともと「原始惑星」自体の重力も強いため、これらはバラバラに散逸することはなく、いずれは互いに集積して「大きな天体」へと成長すると考えられています。

すなわち、「ジャイアント・インパクト」による「衝突合体」という過程を経て、「原始惑星」は「惑星」へと成長するのです[※32]。

*

それでは、実際に「N体計算」を用いた「ジャイアント・インパクト」による「原始惑星同士の衝突合体」の結果を見てみましょう（図2-9）。

最初に20個ほどあった「原始惑星」は、1億年ほどの時間をかけて互いに「衝突合体」を繰り返し、最終的に「3個の地球型惑星」を形成していることが分かります。

またこの計算では、奇しくも「金星軌道付近」と「地球軌道付近」にほぼ等サイズの大きな惑星が形成され、より遠くのほうに「原始惑星サイズ」、つまり「火星サイズ」の惑星が形成されています。

「水星」に似た惑星は形成されていませんが、その他の惑星については非常に「太陽系」と似たサイズと位置に「地球型惑星」が形成されたことが分かります。

これは偶然なのでしょうか、それとも必然なのでしょうか。

※32　お金のある企業によりお金が集まる、というのが暴走的成長・寡占的成長のイメージでしたが、「ジャイアント・インパクト」はそうして成長した大企業同士のM&Aのようなものでしょうか。

[2.5]「原始惑星」から「地球型惑星」へ

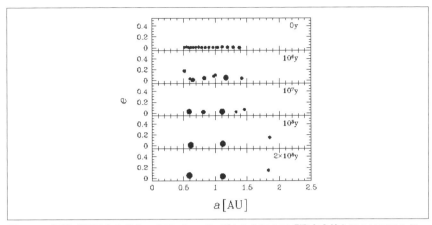

図2-9　原始惑星同士の「ジャイアント・インパクト」による「衝突合体」についてのシミュレーション結果。横軸は軌道長半径、縦軸は離心率。各点原始惑星に対応し、その大きさで実際の原始惑星の大きさを示している。最上段が初期状態で、下に行くほど原始惑星の衝突進化が進んでいる。(Kokubo et al. (2006) より引用)

　もちろんこの計算結果は1例にすぎないので、これ結果だけからその「普遍性」や「特殊性」を議論することはできません。
　そのため、こうしたシミュレーションにおいては、少しずつ初期条件を変えて大量の計算を行なうことで、統計的にどういう結果が出やすいのかを調べることになります。
　そして、実際に原始惑星同士の「ジャイアント・インパクト」の計算を何度も行なってみたところ、先程の結果（1AU付近に大きな惑星が形成され、外側あるいは内側に小さな惑星が形成される）は、頻繁に実現されることが分かりました。

●「ジャイアント・インパクト」の定性的解釈

　実はこの結果については、ある程度「定性的」に解釈することが可能です。
　初期に「中心星」の周りを円軌道で回っている原始惑星たちは、次第に互いの「重力相互作用」によって軌道を乱し合い、「衝突合体」を起こします。
　このとき、「原始惑星集団」の真ん中あたりにいる「原始惑星」たちは、両側を「他の原始惑星」に挟まれているため、内側にずれても外側にずれても衝突することになります。
　ところが、「最も外側」あるいは「最も内側」にいる「原始惑星」は、「他の

第2章　太陽系形成論

「原始惑星」がいない側にずれてしまうと、「原始惑星集団」から離れることになり、もはやそれ以上「他の原始惑星」とは衝突することがなくなってしまいます。

以上の理由により、中央に「複数回の衝突合体」を経験した「大きな惑星」が形成され、端のほうに「衝突合体」を免れた「小さな惑星」が形成される可能性が高くなります。

すなわち、太陽系の「地球型惑星」の「サイズ分布」（小・大・大・小）は、自然な帰結として実現されたことが分かります。

＊

では次は、個々の「地球型惑星」について、もう少し詳しく見ていきましょう。

■「火星」の形成

まず「火星」ですが、予想される「原始惑星のサイズ」と同程度のサイズであることから、「ジャイアント・インパクト」を経験していない「原始惑星」の生き残りである可能性があります。

「N体計算」で示されたとおり、「内側の原始惑星」との「重力相互作用」によって、外側の軌道に弾き飛ばされ、その後は「他の原始惑星」と「相互作用」することなく、そのまま現在の「火星」になったものと考えることができます。

ただし、予想される「原始惑星のサイズ」には不定性があるため、もしかすると1度だけ「ジャイアント・インパクト」を経験しているかもしれません。

「火星」の「表面地形」や「物質化学」的な特徴、あるいは「衛星」の特徴などから、「ジャイアント・インパクト」の経験の有無については現在も議論が進められているところです。

■「水星」の形成

一方で最も内側の「水星」ですが、こちらは予想される原始惑星のサイズよりも有意に「小さな惑星」となっています。

また、「水星」は「鉄コアの割合」が大きいことで有名ですが、このことは逆に言うと「マントル」の割合が他の「地球型惑星」よりも小さいということでもあります。

[2.5]「原始惑星」から「地球型惑星」へ

　実は「水星」の形成に関しては、以上の特徴をともに実現する見事なアイデアが提案されています。

　「水星」の元となった「原始惑星」は、1度だけ表面をかすめるような「ジャイアント・インパクト」を経験し、その際に「表面のマントル部分だけが破壊されて剥ぎ取られた」というものです。

　このシナリオが正しければ、確かに「マントルの割合」が小さくなり、「剥ぎ取られたマントル」のぶんだけ「全体のサイズ」も小さくなります。

　ただし、「剥ぎ取られたマントル」が、後に「水星」に再集積してしまっては元も子もないので、どのような「ジャイアント・インパクト」が起これば「水星」が実際に形成可能かについては、現在もいくつかのシナリオが提案されているところです。

■「金星」と「地球」の形成

　最後に、等サイズながらも異なる特徴を持った金星と地球の作り分けについてですが、これも「ジャイアント・インパクト」によって説明が可能だと考えられています。

　「ジャイアント・インパクト」の際には、「衝突角度」に応じて「原始惑星の自転軸」が傾くことが分かっています。

　基本的に「衝突角度」はランダムであるため、「ジャイアント・インパクト」を繰り返すごとに「原始惑星の自転軸」は大きく変化していきます。

　そのため、一般に「ジャイアント・インパクト」過程がすべて終了した後の「惑星の自転軸の向き」は「ランダムになる」ことが予想されます。

　よって、「金星」の自転軸が180度傾いて逆行回転しているのも、「地球」の自転軸が23度ほど傾いているのも、偶然の結果として理解することができます[※33]。

　さらに、「地球」が巨大な「月」をもっている理由も、この「ジャイアント・インパクト」が関係してくるのですが、それについてはまた後ほど詳しく説明することにしましょう。

※33　ちなみに水星の自転軸がほぼ0度で直立しているのは、太陽との間の潮汐力によって自転と公転の向きが揃えられたためだと考えられています。また、火星の自転軸の傾きは25度ほどで地球と非常に近い値となっていますが、火星の自転軸は13度から40度の間で揺れ動いており、現在たまたま地球と似た値になっているだけだと考えられています。

2.6 「原始惑星」から「巨大ガス惑星・氷惑星」へ

「地球型惑星」は「原始惑星同士」の「衝突合体」によって形成されましたが、一方で「巨大ガス惑星」は「原始惑星」が「原始惑星系円盤ガス」を大量に捕獲することで誕生します。

ここでは「原始惑星系円盤ガス」の捕獲過程と、「巨大惑星の作り分け」について見ていきましょう。

■「原始惑星系円盤ガス」の捕獲

「原始惑星」は、サイズが大きくなるに従い、「原始惑星系円盤ガス」を自分の重力で捕獲し始めます。これにより、およそ月質量以上の質量をもつ「原始惑星」は、「原始惑星系円盤ガス」を捕獲して、大気としてまとうようになります。

「月～火星」くらいの質量の惑星は、一時的に大気をまといますが、重力が弱いため、次第に大気は宇宙空間に逃げていき、現在は極めて「希薄な大気」しか保持していません。

一方「地球サイズ」ほどになると、重力が充分強くなり、大気を長期間保持することが可能となります。

さてこのとき、大気は惑星の重力によって引っ張られ続けているにも関わらず、地表面まで「落ちて」こないのはなぜでしょうか。

それは、大気自身が「大気圧」という圧力によって支えられているからです。すなわち、「惑星からの重力」と「大気圧」とが釣り合う状態[※34]で、大気は安定して存在することになります。

これにより、「地球」や「金星」は、厚みをもった大気を保持できることが分かります。

ところが、「原始惑星」の質量が「地球」の数倍程度以上になると、状況が一変します。

「原始惑星の重力」が強すぎるために、大気を自分自身の「大気圧」で支えることができなくなってしまうのです。

すると大気は崩壊し、惑星表面まで落ち込んでしまうことになります。「原始惑星系円盤ガス」は連続的につながっているため、大気が落ち込むと、

※34 この状態を「静水圧平衡」と呼びます。

[2.6]「原始惑星」から「巨大ガス惑星・氷惑星」へ

次はさらに外側にある大気が「重力」によって引っ張られてくることになります。

しかも、大気を捕獲したぶんだけ惑星の質量は大きくなっているので、以前よりも「大きな重力」で「原始惑星系円盤ガス」を引きつけることになり、新しくできた大気もさらに惑星表面に落ち込むことで、加速度的に「原始惑星系円盤ガス」を捕獲し続けることになるのです。

その結果、「原始惑星系円盤内のガス」が「原始惑星」に暴走的に流れ込み、周囲のガスがすべて無くなるまで「ガスの流入」が止まらなくなります。

以上の過程を経て、「地球」の数倍程度の質量を持つ「原始惑星」は、暴走的にその質量を増し一気に「巨大ガス惑星」へと成長していきます。

■ タイムスケールの大小関係

ここまで読んできて、勘の良い人は「ガス惑星」の形成についておかしな点があることに気づいたかもしれません。

「暴走的成長」「寡占的成長」を経て形成された「原始惑星のサイズ」を見てみると（図 2-8）、「原始惑星系円盤」の「外側」ほど大きいことが分かります。

「原始惑星」が大きくなれば、それだけ「重力」も強くなるわけですから、より多くの「ガス」を捕獲して、より大きな「ガス惑星」に成長してもよさそうに思えます。

ところが実際にはそうはなっていません。「原始惑星」のサイズとしては最も小さな「木星」が、最も多くの「ガス」をまとって「太陽系最大の惑星」になっており、外側の「天王星」と「海王星」に至ってはガスをほとんどまとうことなく、「原始惑星」の大きさそのままの「氷惑星」となっているのです。いったい何が起きたのでしょうか。

この謎を解く鍵は、「原始惑星の成長」のタイムスケールと、「原始惑星系円盤ガスの散逸」のタイムスケールの、どちらが長いか（短いか）の駆け引きです。

「原始惑星」の成長は、その軌道が大きくなればなるほどゆっくりと進みます。

「原始惑星」の成長タイムスケールは正確にはいくつかの要素を含んだ関数で表わされるのですが、細かいことは割愛して簡単に言ってしまうと、軌道が大きいほど「中心星」の周りを一周するのに時間がかかるため、軌道

太陽系形成論

上の「微惑星」との「衝突頻度」が下がり、結果的に成長がゆっくりになってしまうのです。

一方で、「原始惑星系円盤ガス」は時間とともに散逸していきます。

太陽系では、この両者の「タイムスケールの大小関係」が、「巨大惑星」のサイズ分布に、はっきりと現われていると言えるでしょう。

まず「木星」のコアとなる「原始惑星」は、「原始惑星系円盤ガス」が充分に残っている時代に形成されたと思われます。

そのため、「大量のガス」を捕獲することで巨大に膨れ上がり、「太陽系最大のガス惑星」へと成長することができました。

一方、「土星」のコアとなる「原始惑星」が形成されたころには、「原始惑星系円盤ガス」はかなりの程度「散逸」して薄くなっていたことが予想されます。

「原始惑星」のサイズは、「木星」のコアよりも大きいにも関わらず、「木星以上の量のガス」を捕獲できなかったため、「太陽系で2番目に大きいガス惑星」にとどまってしまったのです。

つまり「土星」は、もっとたくさんの「原始惑星系円盤ガス」を捕獲する力を持っていたはずなのに、その力を充分に発揮することができなかった「ガス惑星」と言えるでしょう。

*

それでも、「土星」はまだ「ガス惑星」へと成長できただけマシだ、という声がどこからか聞こえてきそうですね。

最後は、「ガス惑星」になりたくてもなれなかった、「天王星」と「海王星」です。

この2惑星は「巨大氷惑星」と呼ばれ、いずれも「地球」の15倍ほどの質量をもっているにも関わらず、「原始惑星系円盤ガス」をほとんどまとっていません。

「天王星」や「海王星」の軌道で「原始惑星」が形成されたころには、もうすでに「原始惑星系円盤ガス」はすっかり晴れ上がってしまっていた、ということなのでしょう。

せっかくがんばって大きくなったのに、力を充分に発揮できないどころか、そもそも力を発揮する機会すら与えられなかった、なんとも悲しい惑星たちなのですね。

[2.6]「原始惑星」から「巨大ガス惑星・氷惑星」へ

■「原始惑星」成長のタイムスケールの矛盾

さて、こうして「巨大惑星」のサイズ分布については、「原始惑星」の成長のタイムスケールという観点から、見事に説明がついたかに見えます。

しかし、実は以上の説明では少しだけズルをしていた点があるので、それについて最後に付け加えておきます。

「微惑星」の「暴走的成長・寡占的成長」を経て、「原始惑星」が形成されるまでの時間[※35]ですが、実際のところ「木星軌道」であっても、その時間はかなり長く（4000万年程度）、「原始惑星系円盤ガス」が散逸する前に「原始惑星の形成」を終えられるかは正直なところ微妙です。

さらに、最遠の「海王星軌道」に至っては、「原始惑星の形成時間」が「太陽系の年齢」を超えてしまうため、未だに「海王星」は出来上がっていない、という変なことになってしまいます。

これらの矛盾を解くアイデアについては、また後ほど紹介します。

※35 もちろんこれは「N体計算」から求まった、ある条件下で予想される「原始惑星の形成時間」のことであり、現実に「太陽系の原始惑星」が作られるのにかかった時間と同じである必然性はないことに注意してください。

太陽系形成論

2.7　「衛星系」の形成

最後に、「衛星系の形成メカニズム」について見ていきましょう。

太陽系の「惑星」の多くは「衛星」をもっています。地球の「月」、火星の「フォボス」と「ダイモス」、木星の「ガリレオ衛星」、土星の「タイタン」や「エンケラドス」、天王星の「5大衛星」、海王星の「トリトン」、さらには準惑星である冥王星の「カロン」。

その姿はまさに多種多様で、非常に個性的な特徴を持ったものが数多くあります。これらの多様な衛星の形成には、それ相応の多様な「メカニズム」が提案されています。

ここでは、そのうちのいくつかの代表的な「形成メカニズム」について簡単に紹介していきましょう。

■「月」の形成

最初は、地球の「月」についてです。

もともと「月の形成」については、さまざまな仮説が提案されていました。「原始地球」が高速回転による遠心力で膨らみ、その一部がちぎれて「月」が誕生したとする「分裂説」(あるいは「親子説」)、「地球軌道付近」での「微惑星の集積」により、地球とは独立して「地球」のそばで小さめの「月」が形成されたとする「双子説」(あるいは「兄弟説」)、地球とは「別の場所」で作られた「月」が、地球の近くを通ったときに偶然捕らえられたとする「捕獲説」(あるいは「他人説」) などが有名です。

しかし、これらの仮説は、いずれも現在の「地球 – 月系」の特徴を説明することができないため、今ではすべて棄却されています。

● ジャイアント・インパクト説

現在の「月の形成」に関するスタンダード・モデルは「ジャイアント・インパクト説」と呼ばれています。

「原始地球」に「火星サイズの原始惑星」が衝突し、そのときに飛び散った破片が集積して「月」を作った、というシナリオです。

この仮説は、もともとは1970年代中ころに提案されたものでしたが、当時はまだほとんどアイデアのみで、きちんとした検証はなされていません

[2.7]「衛星系」の形成

でした。

しかし、その後の計算機能力の向上や、新たな数値計算手法の開発により、実際に「ジャイアント・インパクト」、およびその後の「月形成のシミュレーション」を行なうことで、この仮説を検証することが可能となりました。

その結果、「ジャイアント・インパクト」に伴う「月形成のシナリオ」が、どうやら現実に起こり得るものである、ということが分かってきました。

●SPH法

「月形成のジャイアント・インパクト」、すなわち「原始地球への火星サイズの原始惑星の衝突」についてのシミュレーションには、「Smoothed Particle Hydrodynamics（SPH）法」[※36] と呼ばれる手法が主に用いられています。

実際の数値計算の結果を見てみると（**図2-10**）、「ジャイアント・インパクト」の際に飛び散った天体の破片が、地球のまわりを周回して「円盤状の構造」を作っているのが分かります。

この「円盤状の構造」のことを「原始月円盤」と呼びます。「原始月円盤」の中で、衝突破片は互いの重力で「衝突合体」を繰り返し、やがて「月」が形成されることになります。

※36　この手法の詳細についてはかなりマニアックな話になってくるので、ここでは割愛させていただきます。

第2章 太陽系形成論

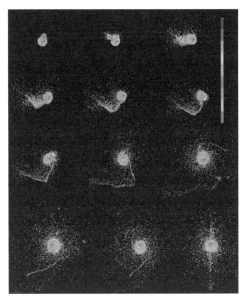

図 2-10　SPH法によるジャイアント・インパクトのシミュレーション結果（Canup & Asphaug (2001) より）。左上から右下に向けて時間が進んでいる。最終的に地球の周りに円盤状の構造が形成されているのが分かる。

●N体計算

「原始月円盤内」での「月形成シミュレーション」には、「微惑星集積のシミュレーション」にも用いられた「N体計算」が主に用いられています。

実際の数値計算の結果を見て見ると（**図2-11**）、「原始月円盤内」で衝突破片の「衝突合体」がすみやかに進行し、地球のそばにひとつの「月」が形成されるのが分かります。

数値計算によると、「月」はなんとわずか1ヶ月足らずで出来上がってしまいます[※37]。

なお「月」は、形成直後は現在の位置よりもかなり「内側」、つまり「地球に近い位置」で形成されたと考えられており、その後地球との間で「角運動量」を交換しながら、少しずつ地球から離れていっています[※38]。

※37　「月は1月（ひとつき）で出来た」わけです。まあこれは日本人にしか通用しない言い回しですが。ちなみに、最新の研究ではジャイアント・インパクト後の原始月円盤の進化にもっと長い時間がかかることが分かっており、残念ながら実際には月は1月では出来上がらなかったようです。
※38　現在も月は毎年3〜4センチメートルずつ地球から遠ざかっています。

[2.7]「衛星系」の形成

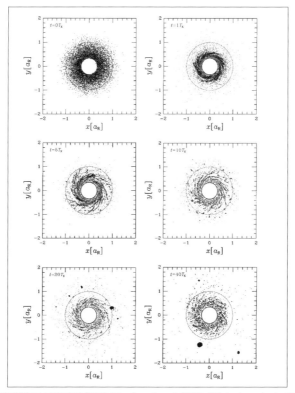

図 2-11　N体計算による月形成のシミュレーション結果（Kokubo et al. (2000) より）。左上から右下に向けて時間が進んでいる。内側の円は地球を表わし、外側の円はロッシュ半径と呼ばれる、月が集積する付近の軌道を表わしている。

　ちなみに、冥王星の衛星の「カロン」についても、冥王星への「ジャイアント・インパクト」がきっかけで形成されたと最近では考えられています。

　ただし「カロン」の場合は、ばらまかれた衝突破片の集積でできたというよりは、衝突してきた天体が冥王星にぶつかって、そのまま冥王星の近くにとどまったと考えられており、「月形成のジャイアント・インパクト説」とは若干異なるシナリオが提案されています。

■「ガス惑星」周りの衛星形成

　さて次は、「ガス惑星周りの衛星形成」の話に移りましょう。

　ガス惑星は「数地球質量」の「原始惑星」をコアとして、その周りに「原始惑星系円盤ガス」が暴走的に降り積もることで形成されます。

第2章 太陽系形成論

　このとき、降り積もってきた「円盤ガス」は「角運動量」をもっているため、そのままストンと惑星に真っ直ぐ落ち込むことはできず、「原始木星」や「原始土星」の周りに円盤状の構造を作りながら、少しずつコアへと落ちていくことになります。

　この構造、何かと似ていると思いませんか？

　そうです、「原始星」の周りで「原始惑星系円盤」が出来ていく過程とそっくりなんです。「ガス惑星」が形成される際、その周りには「原始惑星系円盤のミニチュア版」としての「周惑星円盤」が形成されるのです。

● 周惑星円盤

　ということで、「ガス惑星周りの衛星」は、この「周惑星円盤」の中で作られることになります。

　「衛星形成過程」も、「惑星形成過程のミニチュア版」を想定すれば容易に理解できます。

　微惑星ならぬ「微衛星」が互いの重力により「衝突合体」を繰り返し、「暴走的成長過程」を経て巨大な衛星へと進化していきます。

　ただし、「原始惑星系円盤」とは異なり、「周惑星円盤」には常に「外側」（＝原始惑星系円盤）から「ガス」と「ダスト」が供給され続けているので、「衛星」は次々に作られてはガスとの相互作用で惑星へと落下し、「世代交代」を繰り返しながら、最後に残った衛星たちが、現在の木星の「ガリレオ衛星」や土星の「タイタン」になったと考えられています（**図 2-12**）。

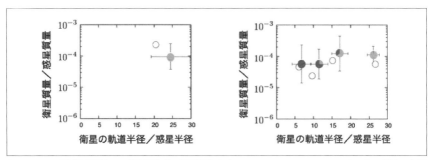

図 2-12　周惑星円盤での衛星形成の計算結果（Sasaki et al. (2011) より）。（左）土星の周りでは1個の衛星が形成され、（右）木星の周りでは4個の衛星が形成されている。白丸は、タイタンおよびガリレオ衛星の実際の位置と質量。計算結果はエラーバー付きで示され、濃いグレーと薄いグレーの部分は、それぞれ岩石と氷の割合を表わしている。

[2.7]「衛星系」の形成

■「海王星」の衛星形成

　次に海王星の「トリトン」ですが、この衛星は海王星の周りを「逆行回転」、つまり海王星の自転とは「逆の方向」に公転しています。

　ところが「ジャイアント・インパクト」での「衛星形成」、「周惑星円盤内」での「衛星形成」では、いずれも「順行回転」の衛星しか作ることができません。「逆行回転」の衛星を作るのは、一見不可能なような気もしますが、実はそうでもなく、地球の月で棄却された「捕獲説」を考えると意外と簡単に実現することができます。

　詳細は難しい天体力学の話になってしまうので割愛しますが、実は衛星を捕獲する場合、「順行回転」の衛星よりも「逆行回転」の衛星の方が捕獲しやすいのです。

　海王星の「トリトン」以外にも、「木星」や「土星」には「逆行回転」の衛星がいくつも存在しており、これらの多くは別の場所でできた天体が後に惑星に捕獲されたものだと考えられています。

■「火星」や「天王星」の衛星形成

　最後に、火星の衛星や天王星の衛星についてですが、これらの起源については現在いくつかのアイデアが提案されている段階であり、まだ決定打はありません。

　それぞれのシナリオに則った理論的検証が進められている一方、詳細な観測データから各モデルに制約を与えるべく、探査機による調査計画が精力的に進められているところです。

第3章

「系外惑星の観測」と「汎惑星形成理論」

> "枠をいちいち恐れることはないけど、枠を壊すことを恐れてもならない。
> 人が自由になるためには、それが何より大事になります。"
> ——「色彩を持たない多崎つくると、彼の巡礼の年」村上春樹

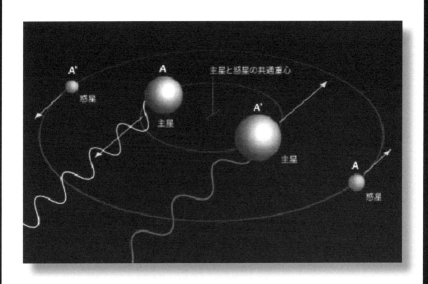

第3章 「系外惑星の観測」と「汎惑星形成理論」

3.1 太陽系外惑星

　1995年10月、人類は"歴史的瞬間"を迎えることになります。
　人類初の「太陽系外惑星」[※39]の発見です。太陽系以外にも惑星が存在していることが、初めて観測的に示された極めて重要な出来事でした。
　初めて「系外惑星」を発見したのは、ミシェル・マイヨールとディディエ・ケローを中心としたスイスの観測チームで、ペガスス座51番星の周りを公転周期わずか4日ほどで回る[※40]「ガス惑星」（通称「ホットジュピター」）が見つかったのです。
　この発見を皮切りに、その後「系外惑星」は続々と発見されていきます。その発見数は「指数関数的」に増え続け、2017年現在「3,600個以上」の「系外惑星」が確認されています。

　「系外惑星」の発見は、「惑星形成理論」に対しても大きな衝撃を与えました。
　というのも、発見された惑星たちがあまりにも「太陽系」とは異なる姿をしていたからです。
　これまでの「太陽系形成論」の枠組みの中で、「系外惑星」の多様性も説明できるのか、それともまったく新しい「惑星系形成メカニズム」が必要なのか、さまざまな議論が巻き起こりました。
　一方で、多様な「系外惑星」を説明するためのモデルが提案されていくに従い、こんどは逆にそれまで定説となっていた「太陽系形成論」[※41]のほうが再考を迫られることになっていきました。
　誤解を恐れずに言うならば、さまざまな物理過程を考慮することで「系外惑星」の多様性はある程度説明できるようになったものの、そうした物理過程を考慮すると逆に「太陽系」のほうが作れなくなってしまうという、奇妙な状況に陥ってしまったのです。

*

　本章では、はじめに簡単に「系外惑星」の観測手法などについて説明した後、それらの多様性を説明するためのさまざまなモデルについて紹介していきます。
　いかにして太陽系には存在しないタイプの系外惑星たちを作っていくのか、理論家たちによる「試行錯誤」の過程を一緒に見ていきましょう。
　その後、「系外惑星発見後」の「太陽系形成論の現状」、特に理論家たちの「四苦八苦」ぶりについて、いくつかの具体的なモデルを紹介します。

※39　一般に「系外惑星」と短縮して呼ばれます。
※40　つまり、1年間がたったの4日しかない、というわけです。
※41　本書の第2章で論じてきた"古式ゆかしき"太陽系形成論」のことですね。

3.2 「系外惑星」の観測手法

　ここでは、「系外惑星」をどうやって探すのか、その方法論について簡単に説明していきます。

　「系外惑星」は太陽以外の別の星の周りを回っている惑星です。ということは、「遠くの星」を見たときにそのすぐ「近くに惑星がある」のを発見すればよいということになります。

　しかし、実はこれは簡単なことではありません。

■「系外惑星」の明るさ

　「系外惑星」を探す際に問題になるのは、一言で言うと「暗すぎる惑星・明るすぎる中心星」です。

　たとえば太陽系の場合、太陽系最大の惑星である「木星」ですらその明るさは太陽の明るさのわずか「20億分の1程度」しかありません。

　つまり外から太陽系を見ても、中心の太陽が明るすぎて「木星」はその光に紛れてしまいほとんど見えなくなってしまいます。

　「系外惑星」を直接見て探そうというのは、強烈に明るい電球のすぐ側を飛んでいる小さな虫を遠くから見つけようとするようなものであり、極めて困難であることが分かるかと思います。

　そこで、「系外惑星」の探査には主に「間接的な」手法が取られてきました。これは、惑星そのものの姿を直接的に捉えることはできなくとも、観測データから「間接的」に惑星の存在をつかむ、というやり方です。「直接的な証拠は無いが状況証拠を積み重ねていくことで犯人を追い詰めていく」というような手法だと思えばいいでしょう。

＊

　本節では、「間接法」の中でよく用いられている手法をいくつか詳しく見ていくことにします。

■アストロメトリ法

　まず初めに紹介するのは、「アストロメトリ法」という手法です。

　「惑星」が存在することで起きる「中心星」のわずかな運動をとらえよう、というのがその基本アイデアになります。

「系外惑星の観測」と「汎惑星形成理論」

たとえば太陽系について、私たちは「地球は太陽の周りを回っている」とよく言いますが、これは正確に言うとちょっとだけ間違っています。

万有引力の法則によると、質量を持つすべての物質は質量を持つすべての物質と互いに「引力」を及ぼし合います。つまり、「太陽」が「地球」に重力を及ぼすのと同時に、「地球」も「太陽」に重力を及ぼしているわけです。

「他の惑星」と「太陽」、あるいは「惑星同士」についても同様です。その結果、「太陽」と「惑星」はすべて太陽系の共通重心の周りを回ることになります。

ただし、「太陽」のほうが「惑星」よりも圧倒的に質量が大きいため、太陽系の共通重心は太陽の中心のすぐ近くにくることになり、結果的にほとんど「地球は太陽の周りを回っている」という状況になっているというわけです。

*

さて、以上のことは、「系外惑星」とその中心星についても同様で、惑星と中心星は互いにその惑星系の共通重心の周りを回ることになります。つまり、惑星が存在することで、中心星もわずかに「動く」ことになるわけです。この中心星の重心からのわずかな"ズレ"を検知することができれば、間接的に惑星の存在の証拠をつかむことが可能となります。この"ズレ"を直接観測して「惑星」を発見する方法を「アストロメトリ法」と呼びます。

しかし、一般に「中心星質量」に対して「惑星質量」は何桁も小さいため、実際には中心星の動きは極めて小さいものになってしまいます。さらに「恒星」はいずれも「地球」からはるか遠い距離にあるため、「中心星」の動きを「天球上」での位置のズレとしてとらえることは極めて難しくなります。

そのため、2017年現在、「アストロメトリ法」による惑星探査は未だ成功していないのが現状です。

■ 視線速度法（ドップラー法）

そこで次に編み出されたアイデアが、「視線速度法」あるいは「ドップラー法」と呼ばれる手法です。

基本的な概念は「アストロメトリ法」と同じなのですが、「中心星の動き」を「天球上での"ズレ"」としてとらえるのではなく、「ドップラー効果」を用いて検知することを目指します。

「ドップラー効果」とは、観測者に対して「波」（「音」や「光」など）が近づいたり遠ざかったりする際に、「波長」が伸び縮みすることで異なる

[3.2]「系外惑星」の観測手法

「波長」の波が観測される、というものですね。

救急車のサイレンの音程が、近づいてくるときと遠ざかるときとで変わって聞こえる、というのが最も身近で実感できる「ドップラー効果」の例でしょう。

「観測者」（地球）に対して、「系外惑星」をもつ「中心星」が視線方向に動く場合、つまり「観測者」に近づいたり遠ざかったりする場合、その動きに伴って「中心星」から届く「光の波長」が伸び縮みします。

実際の観測においては、「ドップラー効果」によって「中心星」の色が周期的に変化するのがとらえられることになります。

ある「恒星」を長期間観測した際に、周期的に星の色が変化するのを観測することができれば、その星は周期的に動いている、すなわちその星の周りに「重力」を及ぼす天体が存在する、ということが間接的に示されるというわけです。

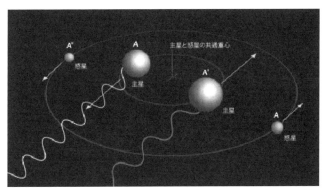

図 3-1　視線速度法の概念図。主星と惑星は互いに共通重心の周りを回る。ドップラー効果により、主星から出る光の波長が伸び縮みしていることが分かる。（© 国立天文台）

「視線速度法」を用いた「系外惑星探査」では、単に惑星を発見するだけでなく、発見した惑星の特徴を知ることができる点も重要です。

「質量の大きな惑星」が「中心星」の周りを回っているほうが当然「ドップラー効果」も大きくなるので、「中心星」の光の波長の伸び縮みの大きさを測ってあげることで、その周りを回る「惑星の質量」が求まることになります[※42]。

※42　正確には、惑星の質量の「下限値」が決まることになります。というのも、観測者と中心星を結ぶ面上を惑星が回っている場合には中心星もその面上を行ったり来たりしますが、惑星の軌道面が傾いている場合には中心星も観測者に対して斜めに動くことになるためです。後者の場合には、観測者と中心星を結ぶ面上に射影した中心星の動き（この動きがドップラー効果を生む）は、実際の動きよりも小さく見えてしまうので、惑星の質量も実際より小さく見積もられてしまうことになります。

第3章 「系外惑星の観測」と「汎惑星形成理論」

　さらに、「中心星」の光の波長の伸び縮みの周期は、そのまま惑星の公転周期になっているわけなので、「惑星の軌道」についての情報も得ることができます。

　「視線速度法」はあくまでも間接法なので、直接惑星の姿をとらえてはおらず、「中心星」の光の変化から間接的に惑星の存在が示されているにすぎないわけですが、その「見えていない」惑星の質量と軌道が決まってしまうというのは、なかなかおもしろいですね。

＊

　1995年に初めて「系外惑星」が発見された際には、この「視線速度法」が用いられました。

　「観測データ」から「ホットジュピター」であること、つまり「中心星」の近くの軌道を回る「木星サイズ」の惑星であることが分かったのは、こういうわけだったのです。

　「視線速度法」は、「系外惑星探査」において非常に強力な手法であり、その後も多くの「系外惑星」が本手法を用いて発見されました。

■ トランジット法

　次に、「視線速度法」と双璧をなす重要な間接法である「トランジット法」について見ていきましょう。

　惑星が「中心星」の前を通過する際に「中心星の明るさ」がわずかに暗くなるのをとらえ、間接的に惑星の存在の証拠をつかもうという手法です。

　「惑星の軌道面」がちょうど「観測者」（地球）と中心星を結ぶ面上にある場合、その惑星は周期的に観測者と中心星の間を横切ることになります。

　その際、「中心星」から地球に届く光は目の前を通過する惑星のサイズ分だけ「隠される」ことになりますね。

　地球上でときおり観測される「日食」のミニバージョンだと思ってもらうと分かりやすいでしょう。この「プチ日食」によって、中心星から届く光の量が周期的に減少するのを観測的にとらえてやろう、というわけです。

[3.2]「系外惑星」の観測手法

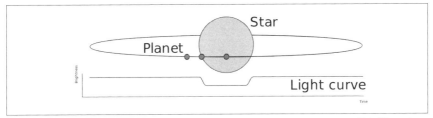

図 3-2　トランジット法の概念図（Wikipedia より）。惑星が中心星の目の前を横切ると、中心星の一部が隠れるために、地球にやってくる光の量が少しだけ減少する。

「トランジット法」の素晴らしいところは、「視線速度法」と同様に単に「系外惑星」を発見するにとどまらず、その惑星に関するさまざまな情報を引き出すことができる点です。

「トランジット」による周期的な光の減少の程度は、惑星のサイズによって決まっていることは明らかです。たとえば、もともとの「中心星」からの光の量から「1％ぶん」だけ暗くなったとすると、目の前を横切っている惑星のサイズは「中心星のサイズ」の「1％程度」であることが分かりますね。

よって、「トランジット法」によって「系外惑星」を発見した場合、その「惑星のサイズ」（半径）を推定することが可能となります。

「トランジット法」で発見された惑星については、追観測で「視線速度」も測定してあげることにより、その惑星の「質量」を求めることができます[43]。

「惑星の質量」と「半径」の両方がわかれば、その惑星の「密度」を算出してやることが可能です。つまり、その惑星が何でできているのか（「岩石惑星」なのか「氷の塊」なのか「大量のガス」をまとっているのか、など）が推定できることになるのです。

さらに、目の前を横切っている惑星が大気をもっていた場合には、「中心星」から「地球」に届く光の一部がその惑星の大気の中を通過してくることになるため、「分光観測」を行なうことで、その惑星の大気成分を推定することまで可能となります。

※43　「トランジット」が受かっているということは、この惑星は観測者と中心星を結ぶ面上を回っていることが保証されているわけなので、惑星の質量について下限値ではなくほぼ正しい値を求めることが可能です。

第3章 「系外惑星の観測」と「汎惑星形成理論」

　「トランジット」が起きていないときに観測した光と、「トランジット」中に観測した光を比べると、後者にはわずかながら惑星大気成分からの寄与が加わった光になっているというわけなので、これを取り出してやろうというわけです。

　さらにさらに、「トランジット」とは逆に、惑星が「中心星の裏」に隠れる場合（「二次食」と呼びます）の観測データも用いると、惑星表面の温度についての情報も得ることができてしまいます。

　「中心星」は自分自身で光っていますが、その周りを回る「惑星」も、表面温度に対応した光を放射しています。そのため、「惑星」が「中心星の裏側」に隠れると、「惑星」から来ていた光のぶんだけ、全体の光の量が減ることになります。この「減光」をとらえることで、「惑星がどれぐらいの温度で光っていたのか」、つまり「惑星の温度がどれぐらいなのか」を推定することができるというわけです。

　さらにこの手法を用いると、惑星が中心星の後ろに隠れていく際の「光の減少の時間変化」から、「惑星表面の温度分布」（温度の偏り）が推定でき、その情報はひいては「惑星大気中における熱輸送効率の推定」にまでつながります。

　また、「トランジット」と「二次食」のタイミングを見ることで、その惑星の「離心率」についての情報も得ることが可能です。

＊

　繰り返しになりますが、「間接法」では直接惑星の姿はとらえてはおらず、「中心星」の光の減光から、間接的に「惑星」の存在が示唆されているだけです。

　それにも関わらず、「惑星」についてこれだけさまざまな情報を引き出すことのできる「トランジット法」は、「系外惑星」の個々の特徴を調べていく上で、非常に強力な手法と言えるでしょう。

[3.3] 汎惑星形成理論の構築

3.3 汎惑星形成理論の構築

1995年に初めて発見された「系外惑星」は、「ホットジュピター」と呼ばれる太陽系には存在しないタイプの惑星でしたが、その後も我々の常識を覆す多種多様な「系外惑星たち」が発見されていきます。

■ 多種多様な「系外惑星」

● ホットジュピターの仲間

まず、「ホットジュピターの仲間」が大量に発見されました。

太陽系でいうと「水星」よりも内側の軌道に、「木星」を超えるサイズの「巨大ガス惑星」が回っていることになります。

これまでに発見された惑星の中で最も「中心星」に近いものは、公転周期がなんと「1日」という驚くべき軌道を回っています。

「ホットジュピター」は、すぐそばにある「中心星」からの「放射」や「潮汐力」によって激しく加熱され、「灼熱の惑星」となっています。

あまりにも高温になりすぎたため、惑星の大気が全体として熱膨張し、「中心星」に向かって流れ出していることが予想されている惑星も存在します。

つまり、現在進行系で「惑星大気」が剥がされ続けていて、いつかはすべての大気を失ってしまう可能性があるということです。

すべての惑星が安定に存在し続けている太陽系では、とても考えられない事態ですね。

● エキセントリック・プラネット

次に、「エキセントリック・プラネット」と名付けられた、「大きな楕円軌道を描く系外惑星」も次々と発見されました。

太陽系の惑星は、どれも軌道離心率が小さく、ほとんど円軌道と区別がつかない軌道を回っていますが、「系外惑星」の中には軌道離心率が極めて高いものがたくさん存在していたのです。

こうした惑星の表層環境は、「かなり激しい変動」を繰り返すことが予想されます。つまり、「中心星に近い軌道」にいるときは「極暑」、「中心星から離れた軌道」にいるときは「極寒」の環境になるため、「灼熱の海」と「全球

第3章 「系外惑星の観測」と「汎惑星形成理論」

凍結」の間を行ったり来たりすることになるわけです。

これもまた、太陽系では考えられない惑星ですね。

●大小さまざまな系外惑星

さらに、惑星そのものの質量・サイズ的に、太陽系には存在しないタイプの「系外惑星」も大量に発見されました。

質量が地球の数倍程度である地球型惑星「スーパーアース」、海王星よりやや小さめの氷惑星「ミニネプチューン」、木星よりも大きなガス惑星「スーパージュピター」など、いずれもこれまで我々が見たことのなかった惑星たちです。

この宇宙には、ありとあらゆるタイプの惑星たちが存在していることが明らかになったわけです。

*

これほど太陽系とは異なる姿をした多種多様な系外惑星が発見されたことは、「惑星形成理論」に携わっていた研究者たちに大きな衝撃を与えました。

「京都モデル」をベースに構築された「太陽系形成論」は、"太陽系の姿"を説明するためのモデルであり、太陽系の特徴をうまく再現することにある程度成功していました。

しかし、このことは逆に言うと、「太陽系とは異なる姿をした惑星系」をこれまでの「太陽系形成論」で説明することは簡単ではないということです。

従来のモデルでは説明できないものが発見された場合、我々が取るべき態度には以下の2通りがあります。

1つは、過去のモデルを完全に否定し、あるいは「特殊なもの」(今回であれば太陽系) を説明するためだけの「特殊なモデル」であったのだと割り切り、まったく新しいモデルをゼロから作り直すこと。

そしてもう1つは、従来のモデルでは「見落としていた」物理過程などを新たに考慮することで、「すでに構築されていたモデルを拡張する」ことにより、新しい発見まで説明してしまうことです。

一般にどちらの方法が優れているということは難しいですが、「系外惑星」の多様性を説明する場合には、後者のほうがリーズナブルな気がします。

というのも、従来の「太陽系形成論」の中で考えていたのは、基本的には

[3.3] 汎惑星形成理論の構築

「重力に支配された単純な物理過程」のみであり[※44]、この枠組みが根底から間違っているとは、ちょっと考えにくいからです。

■ 汎惑星形成理論

ということで、ここでは従来の「太陽系形成論」にいろいろと「味付け」をすることで、太陽系とは似ても似つかないさまざまな「系外惑星系」を説明することを目指します。

こうして拡張された「太陽系形成論」のことを、汎用型の理論ということで「汎惑星形成理論」とよぶことにしましょう。

さて、いきなり核心に迫りますが、この「汎惑星形成理論」を用いることで「系外惑星の多様性」は説明できるのでしょうか。

答は「イエス」です。従来の「太陽系形成論」の状況設定を少し変えたり、「考慮していなかった物理過程」をいくつか加えるだけで、いくらでも多様な惑星系は作れてしまうのです。

以下では、その例をいくつか簡単に紹介していきましょう。

● 原始惑星系円盤の多様性

まずいちばん簡単に多様な惑星系を作り出すアイデアは、「惑星形成」の現場である「原始惑星系円盤自体の多様性」を考慮することでしょう。

これまでの「原始惑星系円盤」の観測から、我々の銀河系内にはさまざまな質量をもった「原始惑星系円盤」が存在していることが分かっています。

「太陽系復元円盤」（太陽質量の1%の質量）より、100倍重い円盤もあれば、100分の1の重さしかない円盤も見つかっており、そもそも最初から惑星の材料物質の量が桁で違う環境があることが分かります。

「原始惑星系円盤の質量の違い」が「多様な惑星系」を生み出す可能性は充分にありそうです。

実際に「原始惑星系円盤の質量」（＝惑星の材料物質の量）を変えた「N体計算」を行なってみると、確かに「円盤質量」に応じてさまざまな「惑星

[※44] 「微惑星形成」「コア集積」「ガス降着」「巨大天体衝突」など、いずれもほとんど天体同士の「重力相互作用」のみで記述できてしまう世界でしたね。

第3章 「系外惑星の観測」と「汎惑星形成理論」

系」が形成されることが分かります（図3-3）。

「原始惑星系円盤の質量が小さい」（＝惑星の材料物質が少ない）場合には、微惑星の集積によって形成される「原始惑星」のサイズは小さくなり、「原始惑星系円盤ガス」を暴走的に集積できるほど充分に大きな「原始惑星」を作ることができません。

そのため、この惑星系には「ガス惑星」は存在せず、小さな「岩石惑星」や「氷惑星」のみが並ぶことになります。

一方で、「原始惑星系円盤の質量が大きい」（＝惑星の材料物質が多い）場合には、内側の軌道でも充分に大きな「原始惑星」が形成されるため、ほとんどの惑星が「原始惑星系円盤ガス」を集積し、「ガス惑星」だらけの惑星系になる可能性があります。

つまり、「原始惑星系円盤の質量」の違いが、その惑星系に存在する「ガス惑星の数」と「位置の違い」を生み出すというわけです。

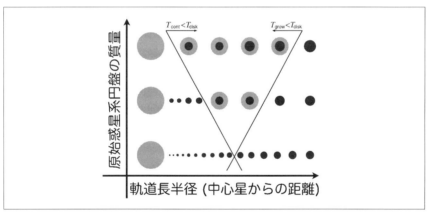

図3-3 異なる原始惑星系円盤から形成される惑星系。図中左側の線は、原始惑星系へのガス降着時間と原始惑星系円盤の散逸時間が同じになる境界。図中右の線は、惑星の形成時間と原始惑星系円盤の散逸時間が同じになる境界（© 小久保英一郎）

●軌道不安定による惑星系の変化

次に、「軌道不安定」による長期間にわたる惑星系の変化について考えてみましょう。

太陽系の惑星はいずれも現在「安定した軌道」を回っており、今後も太陽が寿命を迎える約50億年後まで、このまま現在の軌道付近を回り続けると考えられています。

[3.3] 汎惑星形成理論の構築

しかし、すべての惑星系が未来永劫安定に存在し続けるとは限りません。惑星は「中心星の重力場」の中を運動していると同時に、惑星同士の間でも「重力相互作用」を及ぼし合っています。

この「重力相互作用」の影響が積み重なることで、最終的に互いの軌道が「不安定化」し、異なる軌道へと進化する可能性は充分にあるわけです。

実際にさまざまな惑星系に対して長期間にわたる「N体計算」を行なってみると、確かに「軌道不安定」によって惑星系の姿が大きく変わる場合があることが分かります（図3-4）。

特にひとつの惑星系の中に「3個以上の巨大ガス惑星」が存在した場合には、短期間（10万年ほど）で「軌道不安定」が引き起こされることが分かっています。

太陽系には「巨大ガス惑星」は2個しかないため、安定な軌道を保つことができていますが、たとえば重い「原始惑星系円盤」のもとで誕生した惑星系の場合、多数の「巨大ガス惑星」が形成されると考えられるため、「非常に不安定な惑星系」になる可能性が高いと言えるでしょう。

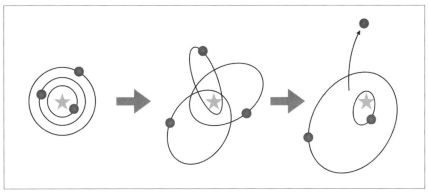

図3-4　軌道不安定による惑星系の変化の概念図。最初は円軌道を描いていいた3惑星が、次第に互いの軌道を乱し合い、最後はまったく異なる軌道へと進化する。

ちなみに「軌道不安定」が起きた場合には、各惑星の「離心率」も大きく変化することになります。

もともと全惑星が円軌道で誕生していたとしても、「軌道不安定」を経ることで「離心率の大きな惑星」、すなわち「エキセントリック・プラネット」が形成される可能性もあることが分かります。

「系外惑星の観測」と「汎惑星形成理論」

● 形成途中の惑星の移動

最後は、形成途中の惑星の「移動」について考えてみましょう。

従来の「太陽系形成論」においては、惑星はそれぞれ現在の自分の軌道の周囲の物質を集めて形成されたこと、つまり「形成途中に動径方向には移動しないこと」が暗に仮定されていました。

現在も各惑星は太陽の周りを同じ軌道で回り続けており、動径方向に移動したりはしていないので、これは一見もっともな仮定に思えます。

しかし、よく考えてみると「形成途中の惑星」が「動径方向に動かない理由」はまったく無いのです。それはなぜでしょうか。

「現在の太陽系」の状況と、「惑星が形成途中の太陽系」の状況とでは、ひとつだけ大きく異なるところがあります。それは、「原始惑星系円盤ガスの有無」です。

少なくとも「木星」や「土星」といった「巨大ガス惑星」が形成される前までは、太陽系には「原始惑星系円盤ガス」が充満していたはずです。

この「原始惑星系円盤ガス」と「形成途中の惑星たち」は、お互いに「重力的相互作用」を及ぼし合います。

その結果、「形成途中の惑星」は「原始惑星系円盤ガス」との間で「角運動量」をやり取りすることになり、「角運動量」を失って内側に移動する、あるいは「角運動量」を得て外側に移動する場合が出てくるのです。

惑星の「移動の向き」や「速度」は、「原始惑星系円盤の物理量」に大きく依存するため、簡単に決定することはできませんが、多くの場合、「形成途中の惑星」は「角運動量」を失って「中心星」に向かい「落下」するであろうことが、数値計算などによって示されています。

しかも、「惑星の質量」に応じて、複数の「惑星落下メカニズム」が提案されており、いずれもかなり速い速度で惑星は「中心星」に向かって落下していくであろうことが示唆されています。

これは「太陽系形成」における「惑星落下問題」と呼ばれており、従来のモデルでは考慮されていませんでしたが、現在では非常に重要な物理プロセスである（と同時に非常に大きな問題でもある）と認識されています。

[3.3] 汎惑星形成理論の構築

・**タイプⅠ惑星移動**

　まず「タイプⅠ惑星移動」について見ていきましょう。

　これは、およそ「月質量から地球の10倍ぐらいの質量」の惑星に対して効いてくる「惑星落下メカニズム」です。

　「形成途中の惑星」は、「原始惑星系円盤ガス」の中に密度波と呼ばれるある種の構造を作り出します。この構造によって出来た「原始惑星系円盤ガス」の濃集部分と、「形成途中の惑星」との間で「角運動量交換」が行なわれることになります。

　一般に密度波の構造は「非対称」となっており、「惑星」から「原始惑星系円盤ガス」へと「角運動量」が一方向的に輸送されてしまうことによって、「惑星」は「角運動量」を失って「中心星」へと落下していきます。

　この落下のタイムスケールはかなり短く、「1AU」付近に存在する地球質量の惑星の場合、わずか10万年ほどで「中心星」まで落下してしまうと見積もられています。

・**タイプⅡ惑星移動**

　次に「タイプⅡ惑星移動」について見ていきましょう。

　こちらは「地球の50倍以上の質量をもった大きな惑星」に対して効いてくる「惑星落下メカニズム」です。

　2-6節で見たとおり、「10地球質量以上の原始惑星」が形成されると、「原始惑星系円盤ガス」が「原始惑星」に暴走的に流入し、一気に「巨大ガス惑星」が形成されます。

　このとき、「原始惑星」の軌道付近の「原始惑星系円盤ガス」がすべて「原始惑星」に降着することで、その軌道から「円盤ガス」が無くなり、「原始惑星系円盤内」には「溝」が形成されることになります。

　「溝」の間にいる「巨大ガス惑星」は、「溝」の「内側」と「外側」の両端から重力的に「押し返される」ために、この「溝」の中にトラップされてしまいます。

　その後、「原始惑星系円盤ガス」は次第に太陽に向かって降着していくのですが、その際に「溝」にトラップされた「巨大ガス惑星」も一緒にズルズルと「中心星」に向かって落下していくことになります。

　この落下のタイムスケールは、「原始惑星系円盤」の散逸のタイムスケールと同程度となるため、およそ数百万年ほどで「巨大ガス惑星」は「中心星」まで落下してしまうと見積もられています。

第3章 「系外惑星の観測」と「汎惑星形成理論」

　主にこれら2つの「惑星落下メカニズム」により、「形成途中の惑星」は次々と「中心星」に向かって落下していくことになります[※45]。

　落下してきた「巨大ガス惑星」の一部が「中心星」のすぐそばに残った場合、この惑星は「ホットジュピター」として観測されることになるでしょう。

　また、「惑星落下」に伴い、内側の惑星系の軌道が大きくかき乱されることで、さまざまな軌道において「多様な惑星系」が形成されることになるのです（図3-5）。

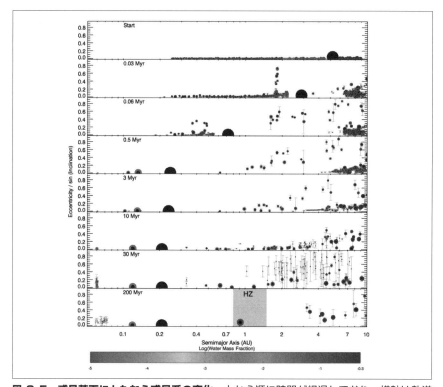

図3-5　惑星落下にともなう惑星系の変化。上から順に時間が経過しており、横軸は軌道で縦軸は離心率を表している。ガス惑星がタイプⅡ惑星落下によって内側軌道まで移動した場合、小天体の散乱が起きた後に遠方軌道でそれらが合体成長している様子が分かる。（Raymond et al. (2006) より引用）

＊

※45　実は地球の30倍程度の質量をもった惑星にはたらくと考えられている「タイプⅢ惑星落下」というメカニズムも提案されているのですが、まだ「物理的素過程」がきちんと理解されていないこと、およびその「移動の向き」や「速度」がよく分かっていないことから、本書では割愛させていただきます。

[3.3] 汎惑星形成理論の構築

　以上のように、「惑星系の多様性」を生み出すアイデア・物理過程はたくさんあります。
　「系外惑星の多様性」を説明するために、従来の太陽系形成論を否定する必要はなく、少しだけ拡張してあげるだけで充分であることが分かっていただけたかと思います。
　また逆に、こうして「従来モデル」を拡張して構築された「汎惑星形成理論」を用いることで、まだ完全には見えていない「系外惑星の多様性の全体像」を「予言」することも可能になります。

　「系外惑星」の「質量」と「軌道の分布」を予言するモデルは「惑星分布生成モデル」と呼ばれており、実際の「系外惑星の観測データ」と比較することで改良が繰り返され、よりよい予言が行なえるモデルの構築へ向けて研究が進められています（図3-6）。

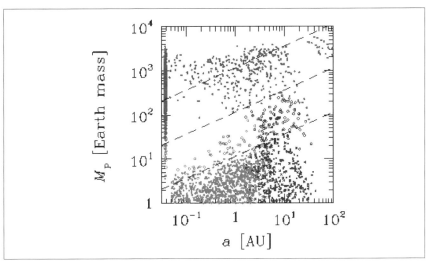

図 3-6　惑星分布生成モデルの計算結果の一例（Ida & Lin (2004) より）。生成された惑星の軌道（横軸）と質量（縦軸）が示されている。点の色はそれぞれ地球型惑星（緑）、巨大ガス惑星（赤）、巨大氷惑星（青）を表わしている（Color Index 参照）。

3.4 「太陽系形成論」の再考

■ 惑星の移動

　前節で見たとおり、従来の「太陽系形成論」に、これまで考慮されていなかった「物理過程」を組み込むことで、「多様な系外惑星」を作り出すことが可能となりました。

　ところがその一方で、考えるべき「物理過程」をすべて考慮したモデルのもとで「惑星形成」を行なうと、今度は逆に「太陽系が作れなくなってしまう」という困った事態に陥ってしまいます。いちばんの問題は「惑星の移動」です。

　「京都モデル」では、各惑星はその場で形成したことが暗に仮定されていました。しかし、実際には形成途中の惑星は「タイプ I, II 惑星移動」などによって動きます。また惑星系が完成した後であっても、惑星同士の「重力相互作用」によって軌道がズレることがあります。

　こうした「惑星の移動」を許してしまうと、「惑星はその場で形成した」という前提が崩れてしまうため、「京都モデル」の枠組みで太陽系を作ることはできなくなってしまいます。

＊

　この問題を解決するための方針としては、大きく2通りの考え方があります。

　1つは、「惑星移動」に関する「物理過程」の理解がまだ浅いことに原因を求めるというもの。

　つまり、この「物理過程」に関してさらに詳細に研究すれば、きっと「太陽系では惑星の移動が起きなかった」ということが示されるはずだ、という考え方です。

　そしてもう1つは、「惑星が移動することは受け入れよう」というもの。

　つまり、「惑星の移動」を考慮した上で、「現在の太陽系」を作れるような解を探そう、という考え方です。

＊

　前者については、現在でも世界中で精力的に研究が進められています。

　さまざまな状況設定のもとで「惑星移動」に関する詳細な数値計算を行ない、「惑星移動の方向」や「タイムスケール」について、厳密な関係式が

[3.4]「太陽系形成論」の再考

求められているところです。

実際に、「惑星の移動の仕方」は「原始惑星系円盤の環境」（＝物理量）に強く依存していることが分かってきており、今後の研究の進展によっては、惑星落下問題は「問題ではない」ということになるかもしれません。

＊

一方で後者についても、いろいろなアイデアのもとで「惑星移動」ありきでの「太陽系形成モデル」が提案されています。

ここでは、その中でも特に有名な2つのモデルについて簡単に紹介することにしましょう。

いずれも、惑星の移動を逆に「利用する」ことで、むしろ太陽系をより整合的に作り上げよう、という野心的なモデルとなっています。

■ ニース・モデル

まずは、「太陽系形成後」に「巨大惑星」が互いに「重力散乱」によって大きく移動したことを考慮した「ニース・モデル」[※46]について見ていきましょう（図3-7）。

「ニース・モデル」の肝は、形成した当時の太陽系は、「現在の太陽系」とはやや異なる姿をしていた、という仮定をおいたことです。

何が現在とは異なっていたかというと、「4つの巨大惑星」が現在よりも狭い軌道範囲にコンパクトに固まって存在していた、ということと、「木土天海」の並びではなく「木土海天」の並びだった、ということです。

つまり、「天王星」と「海王星」の順番が逆だったというわけです。

※46　フランスの「ニース」（Nice）で提案されたモデルなのでこういう名前で呼ばれています。英語の綴りは"Nice Model"なので、「ニース・モデル」は「ナイスなモデル」、という意味もかかっているのでしょう。

第3章 「系外惑星の観測」と「汎惑星形成理論」

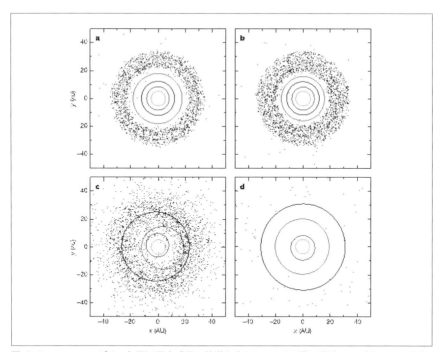

図 3-7 ニース・モデル。各円は巨大惑星の軌道を表わしており、濃い黒線の円が海王星に対応。(a) 初期には海王星は天王星よりも内側にいるが、(c) 天王星よりも外側に弾き出された際に外縁天体を大きく散乱させていることが分かる。(Gomes et al. (2005) より引用)

　この初期条件のもとで惑星同士の「重力相互作用」を計算していくと、「4つの巨大惑星」は互いに「重力散乱」を起こして「軌道間隔を広げる」と同時に、「海王星」が「天王星」よりも外側の軌道に弾き飛ばされてしまいます。
　その際に、より外側を回っていた「小天体群」も飛ばされてきた「海王星」に軌道をかき乱されることになります。現在の「太陽系外縁天体」の軌道を見ると、「軌道離心率」「軌道傾斜角」ともに大きく、明らかに「軌道散乱」を経験した痕跡が残されているのですが、ニース・モデルではこの「軌道散乱」を「巨大惑星同士の重力散乱」によって説明しているのです。

　また、この「軌道散乱」の際には、当時の「太陽系外縁天体」の一部が内側の軌道に弾き飛ばされ、「地球」や「月」にまで落下してきたことが予想されます。
　実際に「月のクレーター」の年代分布の調査から、「太陽系形成」から数億年経ったころに突然「隕石衝突の頻度」が跳ね上がった時期があったこと

[3.4]「太陽系形成論」の再考

が示唆されています※47。

これは「後期重爆撃期」と呼ばれ、「ニース・モデル」の予想と見事に一致しています。

*

以上のとおり、太陽系の特徴を再現できるモデルとして、「ニース・モデル」は一定の評価を受けています。

ただし、「ニース・モデル」の初期条件（「4つの巨大惑星」はコンパクトに形成され、「天王星」と「海王星」の順番が逆）はあくまでも仮定であり、この初期条件が満たされていた必然性はない、ということには注意が必要です。

■ グランドタック・モデル

もうひとつの新しい太陽系形成モデルは、形成途中の惑星が複雑に動き回ることを考慮した「グランドタック・モデル」※48 と呼ばれるものです（**図3-8**）。

このモデルでは、まず初めに「巨大ガス惑星」が形成され、「巨大ガス惑星」の移動によって太陽系の「内側」と「外側」の惑星や小天体の分布が形作られることになります。

※47　ただし、この解釈には異論も多く、後期重爆撃期が本当に実在したのかについては、はっきりとした結論はまだ出ていないというのが正直なところです。
※48　英語の綴りは"Grand Tack Model"で、Tackとは「折り返し」という意味です。無理矢理日本語に訳すなら、「壮大な折り返しモデル」ということになります。

第3章 「系外惑星の観測」と「汎惑星形成理論」

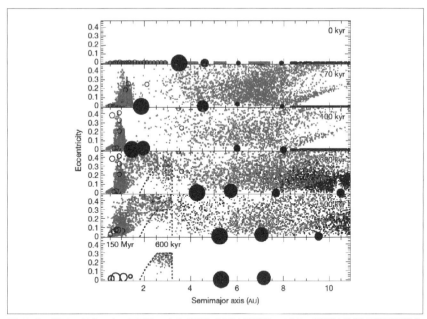

図 3-8 グランドタック・モデル。 上から順に時間が経過しており、横軸は軌道で縦軸は離心率を表している。主に木星と土星が移動するのにともない、内側および外側の天体が大きく散乱されているのが分かる。(Walsh et al. (2011) より引用)

　「グランドタック・モデル」において、すべての惑星の中で最初に形成されるのは「木星」です。

　「木星」は「暴走的ガス降着」を経て「原始惑星系円盤内」に「溝」を作ると、「タイプ II 惑星移動」により「太陽」に向かって落下していきます。

　「木星」は現在の「小惑星帯」の領域を通過して、そのまま「地球型惑星」が形成される「1AU」付近まで辿りつきます。

　このままでは「木星」は「太陽」まで落下してしまい、太陽系からいなくなってしまいます。

　そこで次は「土星」の出番です。「土星」も「木星」に続いて「惑星移動」[※49]を始めるのですが、「木星」よりもはるかに速い速度で太陽に向かって落下をするため、すみやかに内側の「木星」に追いつきます。

　すると、ここで不思議なことが起こります。「木星」と「土星」は突如外側に向かって「後戻り」を始めるのです。

※49　この惑星移動は、本書では詳しく説明しなかったタイプ III 惑星移動になります。

[3.4]「太陽系形成論」の再考

　というのも、「土星」は「木星」との「3:2 軌道共鳴」の位置にトラップされ、これ以降「木星」と「土星」は一体となって「原始惑星系円盤ガス」に「重力相互作用」を及ぼすことになるのですが、その結果「木星」と「土星」は外向きの「タイプⅡ惑星移動」を起こすことが数値計算によって示されているのです。
　つまり、「太陽」に向かって落下してきた「木星」と「土星」は、再び外側の軌道へと帰っていくことになるのです。

*

　一方で、「天王星」と「海王星」は現在の「木星」や「土星」の位置付近で形成され始めていたのですが、内側軌道から戻ってきた「木星」と「土星」によって外側へと弾き出され、現在の軌道に落ち着くことになります。
　このとき、弾き出された「海王星」によって「太陽系外縁天体」の軌道がかき乱された点は、「ニース・モデル」と同じですね。
　また、「天王星」と「海王星」を現在の「木星」や「土星」の位置で形成させることにより、2-6節で述べた「現在の軌道では海王星の形成時間が太陽系年齢を超えてしまう」という問題も自然と回避されています。

　さらに「グランドタック・モデル」のいちばんの売りは、「木星」と「土星」が「小惑星帯」を横切ることで、その軌道にある「微惑星」を散逸させ、大きな天体が存在しない現在の「小惑星帯」を再現できることです。
　実際に以上のシナリオのもとで数値計算を行なうと、「小惑星帯」の「質量欠損」や「物質分布」（特に含水鉱物の分布）が見事に再現できることが示されています。

　このように太陽系の特徴をかなりの程度再現できてしまうことから、「グランドタック・モデル」は現在最も人気のある太陽系形成シナリオとなっています。
　ただし、このシナリオは、「巨大ガス惑星形成」の「タイミング」や「惑星移動の向き」「タイムスケール」の見積もりに大きく依存しており、それらが少し変わるだけで、まったく成り立たなくなるモデルであることには注意が必要です。

*

　以上の通り、「ニース・モデル」にしても「グランドタック・モデル」にしても、まだまだ盤石のモデルとは言い難く、「太陽系形成論」についての「定説」は存在していないのが現状です。

第3章 「系外惑星の観測」と「汎惑星形成理論」

 そのため、これ以外にも新しい「太陽系形成モデル」はいくつも提案されており、この分野は今まさに「群雄割拠」の時代に突入していると言っても過言ではありません。

 今後どのモデルが覇権を握るのか、ぜひ楽しみにしていてください。

第4章

生命を宿す惑星の作り方

> "ぼくは、あの星のなかの一つに住むんだ。
> その一つの星のなかで笑うんだ。
> だから、きみが夜、空をながめたら、
> 星がみんな笑ってるように見えるだろう。"
>
> ——「星の王子さま」サン＝テグジュペリ

生命を宿す惑星の作り方

4.1 生命を宿す惑星の見つけ方

惑星科学研究における最終目標のひとつは、おそらく「生命を宿す惑星を見つける」ことでしょう。

2009 年に NASA が打ち上げた「ケプラー宇宙望遠鏡」によって、我々は銀河系内に存在する惑星の半数近くが地球と同程度のサイズの惑星であることを知りました。

また実際に「ケプラー宇宙望遠鏡」によって、地球サイズの惑星は、すでに数百個ほど確認されています。

銀河系内に恒星は 1,000 億個ほど存在し、銀河自体も観測可能な宇宙の中に数百億個ほど存在していると考えられています。

この途方もない数の恒星の周りを回る惑星の半数近くが「地球型惑星」なのだとしたら、きっと地球の他にも生命を宿す惑星はたくさんあるはずです。

きっと知的に進化し、高度な文明を持ち、我々と同じように宇宙を眺めながら「生命を宿す惑星は他にもあるのか？」と問いかけている知的生命が、あちこちにいるはずです。

*

しかし一方で、「無数の可能性がある」ということは、「探索すべき対象が無数に存在している」ということでもあります。闇雲に調べていては時間がいくらあっても足りません。

そこで本章では、「生命を宿す惑星の性質」についてまず考え、「どのような条件を満たせば生命を宿す惑星ができるのか」「生命を宿す惑星にはどのようなタイプがあり得るのか」について検討していきます。

その一方で、地球のもつ「独自性」や「特殊性」に着目し、まったく同じような性質を持った惑星は、はたして形成可能なのかについても、議論していきます。

はたして地球は、広大な宇宙の中における偶然の産物であり「奇跡の惑星」なのでしょうか。それとも、普遍的に存在する「ありふれた惑星」の中のひとつにすぎないのでしょうか。

[4.2] ハビタブル・ゾーン

4.2　ハビタブル・ゾーン

生命を宿す惑星を探す前に、考えておかないといけないことがあります。
そもそも「生命」とはいった何なのでしょうか。我々は何を探せばよいのでしょうか。

■「生命」とはなにか

実は「生命」[50]については、一般的な「定義」が存在しています。それは以下の3つです。

(1) 自己複製をすること
(2) エネルギー代謝をすること
(3) 自己と外界を区別する細胞構造を持つこと

しかし、この定義をいくら眺めていても、このままでは「生命を宿す惑星」を探すための方法は見つかりそうにありません。
さすがに「遥か彼方の惑星」に住む「生命」が、「自己複製」をしているかどうかを調べようというのは非現実的です。

そこで、この定義から一歩引いて、「このような特徴をもった生命が生まれるためには何が必要か」という観点から考え直してみましょう。
つまり、地球型生命にとって、「発生」「進化」「繁殖」を行なうための「必要条件」は何か、ということです。
そう考えた場合、「地表に液体の水が存在すること」が、地球型生命にとっておそらく最も重要な「必要条件」となるはずです[51]。そこで、これを一般に「惑星科学」(あるいは「天文学」)における、「生命を宿す惑星の条件」とすることになっています。

さて、それではなぜ「液体の水」が生命にとって大事なのでしょうか。「水」以外の液体ではダメなのでしょうか。
実は「水」には、他の液体には無い特徴がいくつかあります。

---

[50] あくまでも「地球型生命」についての定義です。我々人類は、残念ながら未だ地球型生命以外の生命に出会ったことがありません。もちろん、地球型生命とは異なるタイプの生命がこの宇宙のどこかに存在している可能性は充分にありますが、現状でそうした別のタイプの生命について考えるのは、やや先走り過ぎというものでしょう。

[51] これにはもちろん異論もあるかと思いますが、ほぼ全ての地球型生命が液体の水を必要としているのは確かなので、まあそんなに悪い条件設定ではないでしょう。

第4章 生命を宿す惑星の作り方

■「水」の特徴

まず、水の分子記号である「H_2O」をよく見てみましょう。

「水素」(H) が 2 つと、「酸素」(O) から構成された分子ですね。

一方で「太陽」の元素存在度を見てみると、ビッグバン時に生まれた「水素」と「ヘリウム」が圧倒的に多く、次に「酸素」が多いことが分かります (**図 4-1**)。

このうち、「ヘリウム」は「希ガス」と呼ばれ、化学的に不活性なため、ほとんど化合物を作ることがありません。そうすると、分子を構成できる元素の中で最も多い「水素」と次に多い「酸素」を使ってできるのが「水」(H_2O) ということになります。

要するに「水」は他の液体と比べて、最もありふれた存在度の大きい分子であることが分かります。

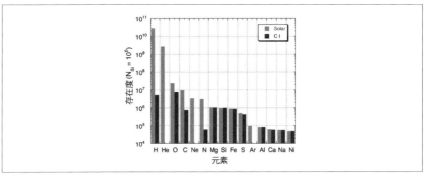

図 4-1 太陽系の元素存在度 (Abe (2009) より)。
太陽組成ガス (Solar) と隕石中の炭素質コンドライト (CI) に含まれる元素存在度を示してある。

次に水の「融点」と「沸点」を見てみましょう (**図 4-2**)。

一般的に単純な分子ほど「融点」と「沸点」は低くなる傾向にあるのですが、水は同程度に単純な他の分子と比べて圧倒的に高い「融点」と「沸点」をもっていることが分かります。

また、液体でいる温度領域 (つまり「融点」と「沸点」の温度差) も他の分子と比べて大きいことが見て取れます。

生命活動は「化学反応の連続」なわけですが、化学反応自体は「温度が高い」ほど速く進みますし、「液体中」で最も効率的に進みます。

よって、「水」は生命活動にとって非常に「使いやすい」液体であることが分かります。

[4.2] ハビタブル・ゾーン

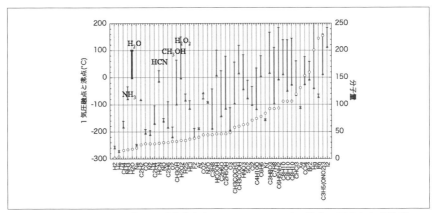

図 4-2 各分子の「融点」と「沸点」（Abe (2009) より）。線分で示された部分が、各分子が液体の状態をとる温度範囲を表している。白丸は各分子の分子量を表わしている。

＊

以上の理由から、地表に液体の水が存在することを「生命を宿す惑星の条件」として考えることは、それなりに妥当な判断であることが分かっていただけたかと思います。

■「ハビタブル・ゾーン」と「ハビタブル・プラネット」

さて、それではいよいよ具体的な「生命を宿す惑星の探し方」について考えることにしましょう。

ある惑星が「H_2O」をもっていた場合に、地表に液体の水が存在できる軌道範囲（中心星からの距離の範囲）のことを「ハビタブル・ゾーン」と呼びます（**図4-3**）。

そして、この「ハビタブル・ゾーン」内に存在している惑星のことを「ハビタブル・プラネット」と呼びます[※52]。

※52　ここで気をつけてほしいのは、ハビタブル・プラネットというのは「生命が存在している惑星」という意味ではなく、あくまでも「水が地表に液体として存在できる惑星」という意味だということです。なので「ハビタブル・プラネットが見つかった！」というニュースを聞いたときに、地球外生命が見つかった、と早とちりしないようにしましょう。

第4章 生命を宿す惑星の作り方

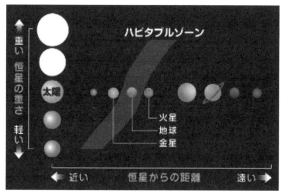

図 4-3 ハビタブル・ゾーン。恒星が重い（軽い）と放射エネルギーが大きく（小さく）なるため、ハビタブル・ゾーンは外側（内側）になることが分かる。（宇宙科学研究所キッズサイトより引用）

　一般に、「ハビタブル・ゾーン」の内側境界は「熱すぎて水が蒸発する軌道距離」、外側境界は「冷たすぎて水が凍る軌道距離」と説明されていることが多いのですが、実はこれは正確ではありません。
　本当はもう少し複雑なことを考えて「境界の位置」を決めています。ここでは、正しい「ハビタブル・ゾーン」の決め方について簡単に説明していきましょう。

■「ハビタブル・ゾーン」の内側境界

　まず、「ハビタブル・ゾーンの内側境界」ですが、これは「暴走温室条件」というもので決められています。

　「中心星」は「恒星」なので、自ら光ってエネルギーを放射しており、惑星はその「中心星」からのエネルギーを受け取って暖められます。
　一方、「惑星」自身もその表面温度に応じた光を放射しており、そのエネルギー散逸によって自分自身を冷やしています。
　現在の地球では、「太陽から地球に入射してくるエネルギー」と「地球から放射で外に出ていくエネルギー」はつり合っています。
　逆に言うと、これらが「つり合うような温度」として、「地球の温度」が決まっていることになるわけです。つまり、たとえば「太陽から入ってくるエネルギー」が何らかの原因で増えた場合には、地球の平均温度を上げることで「地球から出ていくエネルギー」を増やして、互いのエネルギーをつり合わせることになるわけですね。

[4.2] ハビタブル・ゾーン

ところが、地表に充分な量の「水」がある惑星では、惑星から放射することのできるエネルギーには「上限」[※53]が存在することが知られています。

やや専門的すぎるので詳細は割愛しますが、水が大気中に大量の水蒸気として存在している場合、その圧力は「飽和水蒸気圧曲線」によって一意に決定されてしまいます。

そうすると、いくら「地表面温度」を上げていっても、「大気の温度圧力構造」は一定のまま変化しないことになります。「地球」から「宇宙空間」に放射されるエネルギーは「大気構造」によって決まっているため、「大気構造」が一定であれば、結局「放射されるエネルギー」も一定（＝上限値）になってしまいます。

そのため、表面に充分な量の「水」をもつ惑星には、「放射限界」が存在することになるのです。

さて、惑星に対して「射出限界」を超えるエネルギーが入ってきた場合には、いくら惑星の温度を上げても惑星からは「射出限界」以上のエネルギーを放射できないため、互いのエネルギーをつり合わせることはできません。

つまり、常に「余分なエネルギー」が惑星に「溜まっていく」ことになります。例えるなら、毎月最大でも10万円しか支払いができないところに、毎月11万円の請求がきて、月に1万円ずつ借金が増えていくようなものです。

こうなってしまうと、「惑星の温度」は無限に上がり続けることになります。この「温度上昇」は、「射出限界」の存在が消えるまで、すなわち「地表から水が無くなる」まで続きます。この状態を「暴走温室状態」と呼びます。

「暴走温室状態」に入る境界の位置が、「ハビタブル・ゾーンの境界」に対応しています。

「中心星」から入射するエネルギーは当然「中心星」に近い軌道ほど大きくなるため、「暴走温室条件」からは「ハビタブル・ゾーンの内側境界」の位置が決まることになるわけです。

■「ハビタブル・ゾーン」の外側境界

次に、「ハビタブル・ゾーンの外側境界」ですが、こちらは「全球凍結条件」というもので決められています。

※53 「射出限界」と呼びます。

生命を宿す惑星の作り方

　先ほど、惑星の温度は「入射エネルギー」と「放射エネルギー」がつり合うような温度として決まる、ということを説明しました。

　そこで地球をただの「一様な球」だと思って、「地球の軌道（1AU）でのエネルギー収支」を計算してみると、実現される地球の表面温度はなんと「マイナス18℃」程度になってしまいます。これでは、地球は凍りついてしまいますね。何が間違っていたのでしょうか。

　実は、地球が現在の軌道で温暖な気候を保っているのは、「温室効果ガス」をもっているからなのです。現在の地球では、「二酸化炭素」が最も重要な「温室効果ガス」となっています[※54]。実際に「惑星の表面温度」を決める際には、その惑星が「どのような温室効果ガスをどれぐらいもっているのか」についても、知っておく必要があるわけです。

　よって、「ハビタブル・ゾーンの外側境界」を決めるときには、「温室効果ガス」の影響を考慮に入れる必要があります。

　しかし残念ながら、ある地球型惑星がどのような「大気組成」をしているのか、我々には分かりません。

　そこで一般には、「地球とまったく同じ大気をもった惑星」を想定して「ハビタブル・ゾーン」を決めることになります。

　ではこの場合、「ハビタブル・ゾーンの外側境界」の位置はどのように決まるのでしょうか。

　実は「二酸化炭素が凍る位置」として決まる、というのが答です。つまり、ある軌道よりも遠くにいってしまうと、「惑星の温度」が「二酸化炭素の凝結温度」を下回り、大気中の「二酸化炭素ガス」はすべて凍りついて地表に落下してしまうことになります。

　すると、それまで効いていた「二酸化炭素ガス」による「温室効果」が突然無くなってしまうため、「地表面温度」は一気に下がり、惑星全球が凍りついてしまうことになります。

　この状態を「全球凍結状態」とよび、全球凍結に突入する軌道が「ハビタブル・ゾーンの外側境界」になるわけです。

　ここで注意しなければいけないのは、「ハビタブル・ゾーンの外側境界」

※54　人為的な二酸化炭素量の増加は、いわゆる「地球温暖化問題」として有名です。しかし、自然界にもともと存在していた二酸化炭素のおかげで地球は凍りつかずにすんでいるわけなので、二酸化炭素に関しては「多すぎても少なすぎてもダメ」ということになります。

[4.2] ハビタブル・ゾーン

を決めるときには、一般に「地球と同じ大気をもつ」惑星が暗に仮定されている、ということです。

当然、「二酸化炭素」の量が地球とは異なる場合、あるいは別の「温室効果ガス」をもっている場合には、「ハビタブル・ゾーンの外側境界」は異なる位置になります。つまり、「ハビタブル・ゾーンの外側境界」の位置は、惑星の大気の「量」や「成分」に依存して変わることになるのです。

さて、現在の太陽の周りで「ハビタブル・ゾーン」を計算すると、「内側境界」が「0.97AU」、「外側境界」が「1.70AU」ほどになります。

ただし、太陽自身も過去から現在にかけて進化してきており、以前はもっと「暗い」太陽であったことが分かっています。

また、各波長のエネルギーの量も、その進化とともに変化してきたことが分かっています。

こうした諸々の変化も考慮したうえで、太陽系が誕生してから現在までの約46億年間ずっと「ハビタブル・ゾーン」の中に入っていた領域を計算してみると、「0.99AU」から「1.1AU」という結果が出てきます[※55]。

つまり、太陽系では「地球（1AU）のみ」が、46億年間ずっと「ハビタブル・ゾーン」の中に入っていた惑星であることが分かります。

もちろん別の「中心星」を考えると、「ハビタブル・ゾーン」の位置は変わります（図4-3）。

この宇宙には、太陽よりも「明るい星」もあれば「暗い星」もあります。

「明るい星」の場合には「放射するエネルギーの量」も大きくなるため、「ハビタブル・ゾーン」はより「外側」になりますし、「暗い星」の場合には逆により「内側」にくることになります。

ただし繰り返しになりますが、こうして決められた「ハビタブル・ゾーン」は、あくまでも「地球と同じ惑星を想定した場合」のものであって、そもそも太陽とは異なる星の周りで生まれた「地球型惑星」が地球そっくりの惑星になる必然性はまったくない、ということに注意しておく必要があります。

※55　あたかも「地球軌道付近」に微調整したかのような数字となっていますが、これは地球が絶妙な軌道にいる、ということを意味しているわけではありません。
もともと地球を基準に決めた「ハビタブル・ゾーン」なので、こうなるのはある意味当たり前なのです。

第4章 生命を宿す惑星の作り方

4.3 多様な「ハビタブル・プラネット」

前節では、表面に液体の水が存在できることを「ハビタブル・プラネット」の条件とし、その条件を満たす領域のことを「ハビタブル・ゾーン」と定義しました。

そして、「ハビタブル・ゾーン」の境界については、「地球と同じ大気をもつ惑星」を仮定して決めました。

この場合、「ハビタブル・プラネット」は「地球そっくりの惑星」だけに限定されてしまうわけですが、他のタイプの(地球とはまったく異なる)「ハビタブル・プラネット」は存在しないのでしょうか。

もちろんそんなことはありません。きっとこの広大な宇宙には、多種多様な「ハビタブル・プラネット」が存在するはずです。

ここではどのようなタイプの「ハビタブル・プラネット」が考えられるのか、想像力を膨らませながら見ていくことにしましょう。

■ 不充分な量の水しかもっていない惑星

まず、前節で考えた「暴走温室条件」について振り返ってみましょう。

この条件の肝は、「表面に充分な量の水をもっている惑星には射出限界が存在する」ということでした。

では、「不充分な量の水しかもっていない惑星」はどうなるのでしょう。

ここで「充分な量」と言っているのは、液体の水が全球的につながって存在している状況、つまり「海」をもっているような状況を指しています。

一方、「不充分な量」の水しかもっていない場合には、液体の「水」はどこかに「局在する」ことになります。つまり「湖」だけが点在しているような状況ですね。

この状況では、「湖」がまったく無く、陸地だけが広がっている部分が表面に現われるため、そこでは「射出限界」が存在しなくなります。

「湖」の周辺からは「射出限界」の影響で充分な量の放射が出せなかったとしても、地表面の大半を占める「陸地」の部分から、いくらでも大きな放射を出すことができるので※56、そう簡単には「暴走温室状態」には突入しなくなります。

※56 地表面温度を上げていけば、それに対応して放射の量も増えていきます。もちろん地表面の温度に応じた放射が出るだけなので、無限に大きな放射を出すことはできませんが。

[4.3] 多様な「ハビタブル・プラネット」

こうした惑星は「陸惑星」と呼ばれることがあります。

「陸惑星」のハビタブル・ゾーンは、地球のような海を持った惑星と比べてかなり大きくなるため、前節の定義では「ハビタブル・プラネット」と判定されなかった惑星であっても、表面の水の量によっては温暖な気候をもっている可能性があるのです。

■ 地球とは異なる成分の大気をもった惑星

次に、「地球とは異なる成分の大気をもった惑星」について見ていきましょう。

もちろん、ありとあらゆる大気成分をもつ惑星があり得るわけですが、ここでは特に「大量の水素大気」をもった地球型惑星を考えてみることにします。

というのも、「原始惑星系円盤ガス」は主に「水素」と「ヘリウム」から成っており、初期に「原始惑星系円盤ガス」を大量に捕獲したとすると[※57]、「水素大気をもつ惑星」が形成されるのは自然なことだからです。

ところで、「水素」は一般に「温室効果ガス」だとは考えられていないので[※58]、いくら大量の「水素」をまとったところで、惑星の「ハビタビリティ」への影響などほとんどない気がします。

しかし、実は「大量の水素大気」が存在している場合には、状況が一変するのです。「大気量」が非常に多くなり、大気自身がかなり「高圧」の状況になると、「圧力誘起による温室効果」[※59]というものが効くようになります。

これにより、分厚い「水素大気」は強力な「温室効果ガス」として機能することになるのです。

[※57] たとえば地球よりもサイズが大きい「スーパーアース」の場合、重力も地球より大きくなるため、より多くの「原始惑星系円盤ガス」を捕獲した可能性が高いと言えます。

[※58] やや専門的な話になるので詳しくは説明しませんが、「温室効果ガス」として作用するためには、その分子が「極性」をもつ必要があります。簡単に言うと、「分子（の振動や回転）の構造」について「非対称性」が生じることで、電荷の偏りが存在することが必要となります。
しかし、水素分子は「H_2」という分子記号からも分かるとおり対称構造をしているため、通常の状態では温室効果ガスとしてはたらきません。

[※59] これまた専門的な話になるのですが、簡単に言うと、大気中で水素分子がギュウギュウ詰めになっていて、互いに押し合いへし合いすることで、その中の電荷分布も非対称な状態に揺れ動く、という感じだと思ってください。

第4章 生命を宿す惑星の作り方

　たとえば、「100気圧」の「水素大気」をもった地球型惑星について「ハビタブル・ゾーンの外側境界」の位置を計算してみると、太陽型星の周りではなんと「15AU」の位置に来ることが分かります。つまり、「土星」よりも遠い軌道まで行っても、「水素大気」による強力な温室効果のおかげで温暖な気候が保たれるというわけです。

　逆に言うと、地球とは異なる大気を仮定しただけで、「ハビタブル・ゾーン」の位置はこれほどまでに大きく変化してしまうということなのです。

　さて、ある惑星が「ハビタブル・ゾーン」内に位置していたとしても、その惑星が「ガス惑星」であった場合には、生命の存在は期待できないでしょう。

　しかし、もしその「ガス惑星」の周りに「大型の衛星」が回っていたらどうでしょうか。

　たとえば、「木星」の10倍の質量をもった「ガス惑星」の周りに「ガリレオ衛星」の10倍の質量をもった「衛星」が形成されたとすると、この衛星は「水星」と同じぐらいのサイズになります。

　「ガス惑星」には生命はいなくとも、この「衛星」のほうに生命が発生・進化する可能性は充分に考えられますね。

　こうした生命を宿す可能性のある衛星のことを「ハビタブル・ムーン」と呼びます。

　ただし、実際には「衛星」の場合には「中心星」からの「放射エネルギー」だけでなく、すぐそばにいる「ガス惑星」からの「放射エネルギー」や「潮汐エネルギー」なども受けることになるため、「ハビタブル・ゾーン」の定義の仕方はかなり複雑になります。

　「ハビタブル・ムーン」の存在条件や形成可能性などについては、現在も研究が進められているところです。

*

　ところで「ハビタブル・ムーン」と言えば、もともと「ガリレオ衛星」の「エウロパ」や「土星の衛星」の「エンケラドス」などは、太陽系内で「生命の存在が期待されている衛星」でした。

　これらは表面は「氷」に覆われていますが、「潮汐熱」などにより内部が加熱され、「氷」の地面の下に液体の「水」、つまり「内部海」をもっていると考えられています。

　この「内部海」の中で生命が発生する可能性が指摘されているわけです。

[4.3] 多様な「ハビタブル・プラネット」

「系外惑星」においても、同様に「内部海」をもつと期待される天体はたくさんあるでしょう。

「ハビタブル・ゾーン」よりも外側の軌道に位置するために全球が「氷」に覆われている惑星であっても、充分な量の「内部熱源」[※60] をもっていれば、内側の「氷」の一部が溶けて「内部海」が形成される可能性は充分にあります。

特に「スーパーアース」のようにサイズが大きい惑星の場合、保持している「放射性熱源の絶対量」も増えるため、より「内部海」が形成されやすいと言えます。

非常に大きな熱源を持っている場合には、そもそも「中心星」からのエネルギーすら必要とせず、自らの「内部熱源」だけで「内部海」を作り出すこともできるかもしれません。

つまり、たとえば「浮遊惑星」[※61] であっても「内部海」をもっているという意味での「ハビタブル・プラネット」になり得るのです。

*

以上で見てきたとおり、生命を宿す可能性のある惑星にはさまざまなタイプのものが考えられることが分かります。

「ハビタブル・プラネット」に関する研究は、まだまだ始まったばかりだと言ってもいいでしょう。

※60 たとえば「放射性元素」の壊変により生じる熱源など。
※61 「中心星」の周りを回っておらず、「単独」で宇宙空間に浮かんでいる惑星のことです。かなりレアな存在のように思えますが、実は銀河系内には「恒星」と同じかそれ以上の数の「浮遊惑星」が存在していることが観測的に分かっています。

第4章 生命を宿す惑星の作り方

4.4 地球は奇跡の惑星か

最近のいくつかの研究成果によると、地球の特徴は以下の4点に集約されると言えるようです。

① 地表に水があること
② 大陸があること
③ プレート・テクトニクスがあること
④ 生命がいること

このすべての特徴を満たすための必要条件は、おそらく「地表に適度な量の水があること」だと言えると思います。
このことについて、少し考えてみましょう。

■ 水の惑星

地球はしばしば「水の惑星」と呼ばれます。
表面には大きな「海」をたたえており、宇宙空間から見た地球はまさに「水」を大量にもった惑星として、青く輝いています。
しかし、この美しい見かけにだまされてはいけません。地球を形作っているものの大部分は、あくまでも「岩石」と「鉄」なのです。「地球表面にある水」をすべて集めたとしても、重さにして地球全体のわずか0.023%にしかならないのです（図4-4）。

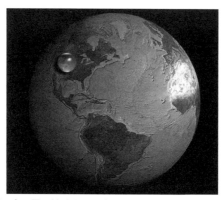

図4-4 地球の水の量。 地球表面の水をすべて一ヶ所に集めた場合の想像図。
（©Howard Perlman, USGS）

[4.4] 地球は奇跡の惑星か

このわずか「0.023wt%」[※62]の水の量こそが、ここで考える「適度な量の水」ということになります。

たとえばこの10倍も水があると、おそらくすべての大陸は「海の中」に沈み、「全球海洋の惑星」になってしまうでしょうし、10分の1しか水が無ければ、「海洋」は存在できず「湖」が点在するだけの「陸惑星」になってしまうことでしょう。

また、「プレート・テクトニクス」を駆動するためにも、「適度な量の水」がマントル中に存在していることが必要だと考えられています[※63]。

ということで、地球を地球らしく作り上げるためには、この「微妙な量の水」の存在が不可欠であることが分かります。

さらに近年では、生命の発生にとってもこの「適度な量の水」の存在は重要だったかもしれない、と考えられるようになってきました。

生命活動とは複雑な「化学反応」を短時間に次々と起こしていく現象であり、そのためには液体の水の中にさまざまな分子を「高濃度」に溶け込ませて反応を進めていく必要があります。

そもそも「充分な量の水」がなければどうしようもありませんし、逆に水が多すぎて、溶け込んでいる分子の濃度が薄すぎても「化学反応」は活発に進みません。

生命が最初に発生した「場所」「環境」についてはまだ結論は出ていませんが、いずれにせよ多すぎず少なすぎず、「適度な量の水」がある環境が、生命にとって大事であることは間違いないようです。

■ 適度な量の水

さて、この「適度な量の水」というのが実は曲者なのです。

「0.023wt%の水」というのは、ほぼ"カラカラ"の地球の上にほんのわずかだけ水が加わった、という状況なわけですが、この水はいったいどこからやってきたのでしょうか。

「京都モデル」で想定していた「原始惑星系円盤」では、「スノーライン」

[※62]「wt%」は、重さにして何パーセントというのを表わす記号です。「ウェイトパーセント」と読みます。

[※63]「プレート・テクトニクス」の詳細な駆動メカニズムについては分かっていないことも多いため、ここでは割愛させていただきます。

第4章 生命を宿す惑星の作り方

はおよそ「2.7AU付近」にありました。

地球軌道は「スノーライン」よりも充分内側にあるため、地球を形成する材料物質の中に氷はほとんど含まれていないと考えられます。

そのため、この環境下で形成された地球は完全に"カラカラ"で、まったく水を持っていない惑星として誕生することが予想されます。

よって、この「乾いた地球」の上に後から「水をもった天体」が降り注ぐことで、地球は「少量の水」を獲得した可能性があります。

ところが、地球上の古い鉱物[※64]を調べてみると、地球は「形成初期」（少なくとも43億年ほど前）の段階で、すでに「海」をもっていた可能性が高いことが分かります。"カラカラ"の環境で地球が形成してしまうと、この観測事実を説明するのは、かなり難しいと言えるでしょう。

一方で、最新の「原始惑星系円盤」に関する研究によると、実は太陽系が形成されていた当時の「スノーライン」の位置は、「2.7AU」よりももっと内側にあったのではないか、ということが指摘されています。

特に重要なのは、「スノーライン」が「1AU」よりも内側まで来ていた時期があった可能性が高い、という指摘です。

もしそれが本当であれば、地球を作る「材料物質」の中に初めから「氷」が一定量含まれることになり、形成初期から「海」をもった地球を作ることができるかもしれません。

しかし、実際にはこちらのアイデアも、あまりうまくはいきません。

「原始惑星系円盤」の中では、水分子は「鉄」や「岩石」と比べて何倍も多く存在しているため、たとえ一時的であれ「スノーライン」が「1AU」よりも内側に来てしまうと、大量の「氷微惑星」が形成されて地球にも集積することになります。

そうすると、あっという間に「0.023wt%以上の水」が地球に取り込まれることになってしまいます。

地球がいったん大量の水をもってしまうと、その水を「宇宙空間」に逃がすことは困難であると考えられています。

よって、形成の段階で過剰な水を獲得することは許されないのです。

※64 「ジルコン」とよばれる鉱物です。

[4.4] 地球は奇跡の惑星か

■「偶然」の産物

　以上のとおり、「原始惑星系円盤内」の「スノーライン」の位置の不定性を考慮したとしても、地球は形成初期に"カラカラ"か"ジャブジャブ"かの両極端な環境になってしまう可能性が高く、「適度な量の水」をもつのは難しいことが分かります。

　それでも無理やり現在の地球を再現しようとするならば、以下のいずれかの「偶然」に頼る必要があります。

① "カラカラ"の地球が形成された直後、短期間のうちに現在の地球に存在する量の「水」が何らかの方法で一気に供給された。
② 「スノーライン」が「1AU」より内側に来ていた期間が非常に短く、ちょうど「0.023wt%程度の水」に相当する「氷微惑星」のみが地球軌道付近に形成された。

　いずれも、可能性としてはもちろんあり得ます。
　ただし、これらが正しいとすると、地球が「適度な量の水」をもっているのは「偶然」ということになってしまいます。
　「適度な量の水」の存在が、生命の発生や進化にとって重要であることを考えると、地球に生命が誕生したのはこの偶然のおかげということになり、地球はまさに「奇跡の惑星」ということになってしまうでしょう。

＊

　地球の水の量がどうやって決まったのかという問題は、地球だけに関係のある個別的な問題ではありません。
　「系外惑星」も含めた一般的な「地球型惑星」が、どのように水を獲得し得るのか、というより大きな問題を含んでいます。
　もしも地球が「適度な量の水」を「偶然」獲得したのだとしたら、同じように「ちょうどよい量の水をもつ系外地球型惑星」は確率的に少ないことが示唆されます。
　またこの場合、一般的な「地球型惑星」の水の獲得プロセスも「偶然」に支配されていることが予想されるため、ある惑星が適度な量の水をもっているかどうかを判断するのは極めて難しくなります。

第4章 生命を宿す惑星の作り方

■「普遍的なプロセス」があったなら

 しかし、もしも地球が現在の水の量を獲得するための何らかの「普遍的なプロセス」が存在していたとしたら、話はまったく変わってきます。

 我々の銀河系の中だけで数百億個は存在していると期待される地球型惑星のほとんどが、同じ「普遍的なプロセス」を経ることで「適度な量の水」、すなわち「生命の発生や進化に適した量の水」を獲得する可能性があるとしたら、これは大変なことです。

 ある1つの惑星上で生命が発生する確率がたとえ低くても、銀河系全体で見ると膨大な数の生命を宿す惑星「第二の地球」が誕生することになるわけですから[65]。

 我々は現在、生命を宿す惑星を一つ(地球)だけしか知りません。

 サンプル数が「1」というのは、科学的な研究をする上では非常に厳しい状況です。しかも、我々が知りたいのは「現在の地球の姿」ではなく「46億年前にどうやって水を獲得したのか」という遥か昔の出来事です。

 常識的に考えると、こんな難問に取り組むこと自体がナンセンスな気がしてきます。

 それでも我々がこれほど大変な「問題」を必死になって考えているのは、地球の水の起源を考えることが、この宇宙に生命を宿す惑星がどれぐらい存在するか、を議論することにダイレクトにつながっているからなのです。

 私自身も、この難問に答を出すべく、さまざまなモデルを立てては検証を行なっているところです。

 「惑星科学」を研究する者にとって、「地球がいかにして現在の地球の姿になったのか」というのはある意味で究極の問いと言ってもよいでしょう。

 近い将来、きっとこの問いに答えられる日が来ると信じているので、みなさんもその日を楽しみに待っていてください。

---

[65] たとえば生命発生の条件が整った惑星のうちの0.001%で実際に生命が誕生したと仮定したとしても、銀河系全体では「数百億個×10^{-5} = 数十万個の惑星」が生命を宿すことになるわけです!

エピローグ
我々はどこから来たのか、我々は何者か、我々はどこへ行くのか

　ポール・ゴーギャンの作品の中で最も有名なものの一つに、「我々はどこから来たのか、我々は何者か、我々はどこへ行くのか」と題された絵画があります。

　これは人類が根源的に抱き続けてきた、究極の哲学的問いだと言ってよいでしょう。

「我々はどこから来たのか、我々は何者か、我々はどこへ行くのか」フランスの画家ポール・ゴーギャンが1897年から1898年にかけて描いた絵画。(Wikipediaより引用)

　これまでこの問い対して答を出してきた、あるいは答えを出そうと試みてきたのは、「哲学」「芸術」「文学」「宗教」といった、いわゆる「文系」の学問であったと思います。

　しかし21世紀の今、ついに「理系」の学問である「惑星科学」が、この問いに対して「科学的に」答を出せるかもしれない時代が到来したと、私は考えています。

●我々はどこから来たのか

　これは、まさに本書で扱った「惑星形成理論」が答えるべき問いです。

　太陽系はいかにして誕生したのか、地球はどのように形成され、進化してきたのか。

エピローグ　我々はどこから来たのか、我々は何者か、我々はどこへ行くのか

　まだまだ詳細について考えなければいけない問題はたくさん残ってはいますが、それでも太陽系形成論「京都モデル」をベースに考えることで、大まかな全体のストーリーについてはかなり丁寧に答えることが可能になったと思っています。

　「京都モデル」はシンプルな「基礎物理」に則ったものであり、今後もモデルの全体が根底から覆ることはおそらくないでしょう。

　「地球の水」の起源などの未解決問題を1つ1つ解決していくことで、我々はどこから来たのかという問いに対しては、これからも着実に答を出し続けていくことができると信じています。

●我々は何者か

　これは非常に難しい問いでした。自分自身が何者であるかを知るためには、他者の存在が絶対的に必要です。

　しかし人類は長い間太陽系以外の惑星の存在を知りませんでした。太陽系が特殊な奇跡的な存在なのか、それとも宇宙中に無数に存在するありふれた系の1つなのか、まったく分からなかったのです。

　ところが1995年以降、状況は一変します。「太陽系外惑星」が続々と発見され、惑星系は普遍的に形成されるありふれた存在であることが明らかになりました。

　しかも、太陽系とはまったく異なる姿をした「系外惑星系」がたくさん発見されることで、太陽系自身を相対的に認識することができ、我々は何者かという問いに対してさまざまな議論を行なうことが可能となりました。

　近い将来、地球にそっくりの惑星「第二の地球」も次々に発見されていくことでしょう。

　そしていずれは、「系外惑星上」に「地球外生命」が発見される日もきっと来るはずです。

　いよいよ我々は、「地球」について、さらには「生命」について、科学の手法を用いてその特殊性と普遍性を議論できる時代に入ったと言えます。

　人類の「世界観」や「生命観」は、これから何度も大きな変革を迫られることになることでしょう。

我々はどこへ行くのか

● 我々はどこへ行くのか

　最後の問いになりますが、これは人類が今後も永遠に考え続けるであろう、極めて難しい問いです。

　未だ不確定な「未来」についての問いであるわけですから、答えようがないというのが正直なところでしょう。

　しかし私は、「惑星科学」という学問が近い将来この問いに対してある種の答を出すことができるのではないかと期待しています。

　その理由について述べる前に、ある1つの興味深い「パラドックス」（矛盾）について考えてみようと思います。

　イタリアのノーベル物理学賞受賞者であるエンリコ・フェルミが、同僚とランチをしている際に「Where are they?」（彼らはいったどこにいるんだろう？）という疑問について議論を行なったという話があります。

　フェルミが指摘したのは以下の2点です。

① 地球に似た惑星は、恒星系の中で典型的に形成されうるはずである。恒星は無数に存在するので、地球に似た惑星も無数に存在するはずであり、地球外生命も無数に存在するであろう。これは、地球外文明が銀河系の中にたくさん存在していることを示唆している。

② 人類がこれまでに地球外文明と接触した証拠は皆無である。これは、地球外文明が銀河系の中に存在していないことを示唆している。

　この2つは明らかに矛盾しており、この矛盾のことを「フェルミのパラドックス」と呼びます。

　現在我々は系外惑星の観測を通して、実際に「地球型惑星」は銀河系の中だけでも数百億個ほど存在していることを知っています。

　これほど生命の可能性に満ち溢れた宇宙の中で、なぜ一度も「地球外文明」との接触が起きていないのでしょうか。

　このパラドックスは非常にシンプルなものですが、シンプルであるがゆえにさまざまな解釈が可能であり、簡単にひとつの答を導き出すことはできません。

　読者のみなさんにも、どうやったらこの矛盾が解消されるのか、頭の体操だと思ってぜひいろいろと考えていただきたいのですが、せっかくなので

エピローグ　我々はどこから来たのか、我々は何者か、我々はどこへ行くのか

私の考える「最も楽観的な解釈」と「最も悲観的な解釈」の2つを紹介しようと思います。

まず「最も楽観的な解釈」は、単に地球がまだ他の知的文明に発見されていないだけである、というものです。

つまり、確かに地球外文明は銀河系の中にたくさん存在していて、そのうちの一部はすでに互いに交信を行なっているかもしれないが、地球はまだ彼らに発見されていないためにその仲間に入れてもらっていないだけだということです。

逆に言うと、我々が別の惑星に知的文明を発見し、「ここ（地球）にも知的生命はいるよ」というメッセージを送ってあげれば、その後は彼らとやり取りをすることができるようになる、というわけです。

非常に楽観的ではありますが、もちろん充分にありえる考え方だと思います。

次に、「最も悲観的な解釈」についてです。

実はこのパラドックスは、ある1つのことを仮定するだけで簡単に解けてしまいます。それは、「高度に知的に進化した生命は直ちに滅びる」という仮定です。

宇宙の歴史の中で「地球外文明」は無数に誕生するのだけれども、各文明の存続期間があまりにも短いために、互いに交わることがないのである、ということです。

つまり、銀河系内に過去に存在していた「地球外文明」は、人類が系外惑星探査技術や電波での交信技術を手に入れたころには、すでに滅びてしまっており、次の別の「地球外文明」が発生する前に、こんどは我々人類が滅びてしまう、というわけです。

現在の人類の状況を見ると、「地球温暖化」や「食糧危機」、あるいは「核戦争の脅威」など、自らの手で自らを滅ぼしてしまう可能性は、残念ながら否定できません。

*

さて、それではもとの問いに戻りましょう。

我々はどこへ行くのか。

もし近い将来、現実に地球外文明が見つかったとしましょう。すると、先ほどの悲観的な解釈は間違いであったことが証明されます。

つまり、高度に知的に進化した生命は直ちに滅びる"わけではない"とい

うことが示されるわけです。
　このことは、我々人類もこれから長い期間存続することが可能である、という期待につながります。
　またその場合、発見した地球外文明は我々の文明よりも長い期間を経ている文明であると考えられます。
　彼らは我々の「先輩」であり、また我々の「未来」でもあるのです。たくさんの地球外文明が発見されれば、我々の行く末を「統計的」に予想することができるようになるかもしれません。
＊
　地球外文明が次から次へと見つかる時代がやって来たとき、「我々はどこへ行くのか」という究極の問いに対して、いよいよ人類は本当に意味のある議論を始めることになります。
　そしてそのとき、間違いなく人類の「宇宙観」や「生命観」は大変革を迫られ、コペルニクスによる「地動説」提唱以来、おそらく過去最大の「パラダイム・シフト」を経験することになることでしょう。

参考文献

■ プロローグ

・「科学の発見」スティーヴン・ワインバーグ（文藝春秋）

　アリストテレスをはじめとするギリシャの自然哲学から、デカルト、そしてニュートンまで、天文学と物理学の歴史（およびそれらに対する筆者の批判）を一通り楽しむことのできる名著です。

■ 第1章

・「ここまで分かった新・太陽系」井田茂/中本泰史（ソフトバンククリエイティブ）

　現在の太陽系について一通り学びたい方にとって、最も手頃でかつ丁寧な一冊です。ちょっと専門的な箇所も混ざっていますが、わからないところは飛ばしながら読んでも大丈夫。新書サイズなので持ち運びも楽だし、気軽に太陽系について学ぶことができます。

・「惑星地質学」宮本英昭/平田成/杉田精司/橘省吾（東京大学出版会）

　日本語で書かれた太陽系に関する本の中で、最もクオリティの高いもののひとつ。もともと展示会の図録が本になったものなので、写真やデータも大量に載せてあり、それらを眺めるだけでも結構勉強になると思います。

・「太陽の科学」柴田一成（NHKブックス）

　太陽研究の基礎から最先端の成果まで、太陽に関する話題がぎっしりと詰め込まれたお得なテキスト。最近話題の太陽フレアについての解説も充実しています。

・「かくして冥王星は降格された」ニール・ドグラース・タイソン（早川書房）

　冥王星の定義をめぐるアメリカでの大論争を、その論争のまさに中心にいた著者自らが語っています。科学と文化と伝統と習慣と・・・さまざまな側面から語られる冥王星。もはや単なる言葉の定義の問題ではなく、「科学」の立ち位置そのものについても再考を促す一冊です。

参考文献

■ 第2章

・「一億個の地球 - 星くずからの誕生」井田茂／小久保英一郎（岩波書店）

　惑星形成論の全体像がコンパクトにまとめられた良書です。微惑星の暴走成長・寡占成長、ジャイアント・インパクトによる月の形成など、惑星形成のさまざまな謎をN体シミュレーションによって解き明かしてきた著者自身によるまとめ本。惑星が形成される過程を一通り理解することができます。

・「スーパーコンピュータを20万円で創る」伊藤智義（集英社）

　多体問題専用計算機GRAPEの開発ドキュメンタリー。開発グループ（というか4人の研究者）の1人である著者が、その開発過程だけでなく、そこで繰り広げられたさまざまな人間ドラマまで書き綴った、魅力的な一冊。新書なのでぜひ気軽に手にとって読んでみてください。

・「惑星形成の物理」井田茂／中本泰史（共立出版）

　学部レベルの物理学・物理数学の知識さえあれば、最新の惑星形成理論の枠組みや各論を無理なく学ぶことができるようになっています。特に、複雑な式の導出を厳密に追うようなことはせず、むしろその背後にある物理の本質を直感的に理解できるよう、丁寧に説明を行なっている点が本書の最大の特徴でしょう。読者は、単に知識をつけるだけでなく、物理的なセンスも身につけることができます。

■ 第3章

・「宇宙は「地球」であふれている - 見えてきた系外惑星の素顔 -」井田茂／佐藤文衛／田村元秀／須藤靖（技術評論社）

　理論屋さんと観測屋さんが、互いの得意分野を出し合って仕上げた一冊。クオリティ高いです。一般向けの書籍なので専門的な難しい内容はなるべくカットして書かれていますが、それでも系外惑星の理論と観測について最先端の話題はほぼすべて網羅されており、一通り勉強するのにはぴったりの本だと思います。天文に詳しくない方は、まずは本書から読んでみましょう。

・「異形の惑星」井田茂（NHKブックス）

　系外惑星の発見の歴史と、その後の系外惑星研究の進展・展望について、熱く語られています。宇宙には太陽系以外にどのような惑星系が存在するの

か？地球に似た惑星は存在するのか？そうした疑問に対して、理論と観測、そして"妄想"の3方向から答を提示してくれます。知らない世界を垣間見るという点でも、また自由な思考実験を楽しむという点でも、とても楽しめる一冊だと思います。

■ 第4章

・「生命の星の条件を探る」阿部豊（文藝春秋）
　日本におけるハビタブル・プラネット研究の開拓者である阿部豊先生（僕の大学院時代の指導教官でもある）による、長年にわたるハビタブル関連研究の集大成。最新の話題を分かりやすく学べるだけでなく、研究者がどのように「仮説」を立て、どのように「検証」し、どのように新しい「世界観」を作っていくのか、についても追体験できる貴重な一冊だと思います。

・「アストロバイオロジー」小林憲正（岩波科学ライブラリー）
　天動説である「地球生物学」から、地動説である「アストロバイオロジー」へ。最新の惑星科学の知見をもとに「生命」の一般化を図ろうとするこの壮大な学問分野について、やさしく丁寧に、かつ過不足無くまとめ上げられた良書です。

■ エピローグ

・「広い宇宙に地球人しか見当たらない50の理由 - フェルミのパラドックス」スティーヴン・ウェッブ（青土社）
　"Where are they?（宇宙人はいったいどこにいるんだい？）"天才物理学者が問いかけた宇宙人問題「フェルミのパラドックス」に対して、宇宙論、物理学、生物学、数学、確率論から社会学、SF的想像力までを総動員し、50通りの視点から50通りの解答を示します。「宇宙人はいるのか？」という究極の疑問をオカズに、極上の思考実験をたっぷりと満喫してみてください。

図出典一覧

図番号	内容 / URL
図1-1	ガリレオによる「月の満ち欠けの観測図」 https://ja.wikipedia.org/wiki/ガリレオ・ガリレイ
図1-2	小惑星「イトカワ」に接近する「はやぶさ」探査機 http://spaceinfo.jaxa.jp/hayabusa/
図1-3	太陽系の惑星 https://ja.wikipedia.org/wiki/太陽系
図1-4	太陽系の惑星や小天体の軌道 https://pixabay.com/photo-11111/
図1-5	太陽系の衛星たち https://ja.wikipedia.org/wiki/太陽系の衛星の一覧
図1-6	「太陽系外縁天体」と「オールトの雲」 https://commons.wikimedia.org/wiki/File:F_oort_cloud.jpg
図1-7	水星表面のクレーターマップ https://photojournal.jpl.nasa.gov/catalog/PIA19420
図1-8	金星の「スーパー・ローテーション」 http://www.stp.isas.jaxa.jp/venus/sci_meteor.html
図1-9	地球の内部構造 https://ja.wikipedia.org/wiki/地球
図1-10	地球のプレート・テクトニクスの概念図 https://pubs.usgs.gov/gip/earthq1/plate.html
図1-11	火星の流水地形 http://www.lpi.usra.edu/publications/slidesets/redplanet2/slide_26.html
図1-12	「ALH84001」に含まれる「鎖状構造」 https://ja.wikipedia.org/wiki/アラン・ヒルズ84001
図1-13	木星の大赤斑 https://photojournal.jpl.nasa.gov/catalog/PIA00014
図1-14	土星の環 https://photojournal.jpl.nasa.gov/catalog/PIA06536
図1-15	月の表側と裏側 https://apod.nasa.gov/apod/ap110303.html, https://photojournal.jpl.nasa.gov/catalog/PIA14021
図1-16	イオの火山活動 https://ja.wikipedia.org/wiki/イオ_(衛星)
図1-17	エウロパの内部海の想像図 https://photojournal.jpl.nasa.gov/jpegMod/PIA01669_modest.jpg
図1-18	タイタンのメタン湖 https://photojournal.jpl.nasa.gov/catalog/?IDNumber=PIA10008
図1-19	エンケラドスの間欠泉 https://photojournal.jpl.nasa.gov/catalog/PIA17184
図2-1	京都モデルにもとづいた太陽系形成論の全体像 http://www.rikanenpyo.jp/top/tokusyuu/toku2/
図2-2	分子雲コアの収縮 自分で作成
図2-3(左)	アルマ望遠鏡による原始惑星系円盤の詳細な観測画像 https://apod.nasa.gov/apod/ap141110.html
図2-3(右)	アルマ望遠鏡による原始惑星系円盤の詳細な観測画像 http://www.almaobservatory.org/en/press-room/press-releases/937-almas-best-image-yet-of-a-protoplanetary-disk

図出典一覧

図2-4	原始太陽系円盤における固体成分およびガス成分の面密度分布	
	Hayashi (1981) をもとに自分で作成	
図2-6	秩序的成長と暴走的成長の模式図	
	自分で作成	
図2-7	微惑星の成長についてのシミュレーション結果	
	Kokubo & Ida (2000) より引用	
図2-8	N体計算によって求まった各軌道における原始惑星の質量	
	小久保英一郎氏の発表資料より引用	
図2-9	原始惑星同士の「ジャイアント・インパクト」による「衝突合体」についてのシミュレーション結果	
	Kokubo et al. (2006) より引用	
図2-10	SPH法によるジャイアント・インパクトのシミュレーション結果	
	Canup & Asphaug (2001) より引用	
図2-11	N体計算による月形成のシミュレーション結果	
	Kokubo et al. (2000) より引用	
図2-12	周惑星円盤での衛星形成の計算結果	
	Sasaki et al. (2011) より引用	
図3-1	視線速度法の概念図	
	http://tenkyo.net/exoplanets/wg/discovery2.html	
図3-2	トランジット法の概念図	
	https://ja.wikipedia.org/wiki/太陽系外惑星	
図3-3	異なる原始惑星系円盤から形成される惑星系	
	小久保英一郎氏の発表資料より引用	
図3-4	軌道不安定による惑星系の変化の概念図	
	自分で作成	
図3-5	惑星落下にともなう惑星系の変化	
	Raymond et al. (2006) より引用	
図3-6	惑星分布生成モデルの計算結果の一例	
	Ida & Lin (2004) より引用	
図3-7	ニース・モデル	
	Gomes et al. (2005) より引用	
図3-8	グランドタック・モデル	
	Walsh et al. (2011) より引用	
図4-1	太陽系の元素存在度	
	Abe (2009) より引用	
図4-2	各分子の「融点」と「沸点」	
	Abe (2009) より引用	
図4-3	ハビタブル・ゾーン	
	http://www.kids.isas.jaxa.jp/zukan/space/alien01.html	
図4-4	地球の水の量	
	https://water.usgs.gov/edu/gallery/global-water-volume.html	
エピローグ	「我々はどこから来たのか、我々は何者か、我々はどこへ行くのか」	
	https://ja.wikipedia.org/wiki/我々はどこから来たのか_我々は何者か_我々はどこへ行くのか	

索 引

五十音順

≪あ行≫

- あ アストロメトリ法 ……………… 91
- アポロ11号 ……………………… 21
- アリストテレス ………………… 17
- アルマ望遠鏡 …………………… 54
- い イオ ……………………………… 44
- 伊藤智義 ………………………… 68
- 隕石 ……………………………… 27
- う 宇宙の起源 ……………………… 17
- え 衛星 ……………………………… 25
- エウロパ ………………………… 45
- エキセントリック・プラネット ……… 97, 101
- 液体の水 ………………………… 32
- 戎崎俊一 ………………………… 68
- エンケラドス …………………… 48
- エンリコ・フェルミ …………… 133
- お オールトの雲 …………………… 28

≪か行≫

- か 海王星 …………………………… 42
- 外核 ……………………………… 33
- 核 ………………………………… 33
- 角運動量保存の法則 …………… 52
- ガス ……………………………… 55
- 火星 ……………………………… 35
- 寡占的成長 ……………………… 70
- ガニメデ ………………………… 46
- カリスト ………………………… 46
- ガリレオ・ガリレイ …………… 20
- ガリレオ衛星 ……………… 20, 44
- 岩石惑星 ………………………… 23
- 間接法 …………………………… 96
- き 軌道散乱 ……………………… 108
- 軌道不安定 …………………… 100
- 京都モデル ……………………… 50
- 巨大ガス惑星 ……………… 23, 38
- 巨大氷惑星 ………………… 23, 38
- 金星 ……………………………… 30
- く グランドタック・モデル …… 109
- クレーター ……………………… 29
- け 系外惑星 ………………………… 90
- ケプラー宇宙望遠鏡 ………… 114
- ケプラー回転 …………………… 65
- 原始生命 ………………………… 37
- 原始惑星系円盤 ………………… 52
- 原始惑星系円盤ガス …………… 78
- こ コア ……………………………… 33
- コア集積モデル ………………… 50
- コペルニクス …………………… 17

≪さ行≫

- さ さきがけ ………………………… 22
- し 視線速度 ………………………… 95
- 視線速度法 ……………………… 92
- ジャイアント・インパクト …… 74
- 重力不安定説 …………………… 58
- 小天体 …………………………… 26
- 衝突合体 ………………………… 75
- 衝突破壊障壁 …………………… 61
- 小惑星 …………………………… 27
- 神話 ……………………………… 17
- す 水星 ……………………………… 29
- スーパー・ローテーション …… 31
- スーパーアース ………………… 98
- スーパージュピター …………… 98
- 杉本大一郎 ……………………… 68
- スノーライン …………………… 56
- すばる望遠鏡 …………………… 54
- せ 静水圧平衡 ……………………… 78
- 静電反発障壁 …………………… 59
- 生命 …………………………… 115
- 全球凍結状態 ………………… 120

≪た行≫

- た 大暗斑 …………………………… 42
- 大赤斑 …………………………… 39
- タイタン ………………………… 47
- タイプⅠ惑星移動 …………… 103
- タイプⅡ惑星移動 …………… 103
- 太陽 ……………………………… 23
- 太陽系外縁天体 ………………… 27
- 太陽系外惑星 …………………… 90
- 太陽系形成論 …………………… 50
- 太陽系復元円盤 ………………… 99
- ダスト ……………………… 55, 57
- ダストデビル …………………… 35
- 多体問題 ………………………… 67

索　引

　　探査機 …………………… 21
　　短周期彗星の巣 ………… 27
ち　地球 ……………………… 32
　　地球型惑星 …………… 23, 29
　　地球の内部構造 ………… 32
　　地動説 …………………… 17
　　中心星落下障壁 ………… 60
　　潮汐力 …………………… 43
　　直接合体成長説 ………… 58
つ　月 ………………………… 43
て　ディディエ・ケロー …… 90
　　天動説 …………………… 17
　　天王星 …………………… 41
　　天王星型惑星 …………… 23
と　土星 ……………………… 40
　　ドップラー効果 ………… 92
　　ドップラー法 …………… 92
　　トランジット法 ………… 94
　　トロヤ群小惑星 ………… 27

《な行》

な　内核 ……………………… 33
に　ニース・モデル ……… 107
　　二次食 …………………… 96
　　日食 ……………………… 94
　　ニュートン ……………… 17

《は行》

は　パイオニア4号 ………… 21
　　ハッブル宇宙望遠鏡 …… 54
　　跳ね返り障壁 …………… 60
　　ハビタブル・ゾーン …… 117
　　ハビタブル・プラネット … 117
　　はやぶさ ………………… 22
　　パラダイム・シフト …… 135
　　パレネ環 ………………… 40
　　万有引力の法則 ……… 17, 65
　　汎惑星形成理論 ………… 99
ひ　微惑星 …………………… 58
ふ　フェーベ環 ……………… 40
　　沸点 …………………… 116
　　プレート・テクトニクス … 34
　　分光観測 ………………… 95
　　分子雲コア ……………… 52
へ　ペブル …………………… 64
ほ　望遠鏡 …………………… 20
　　暴走温室条件 ………… 118

　　暴走温室状態 ………… 119
　　暴走的成長 ……………… 70
　　飽和水蒸気圧曲線 …… 119
　　ポール・ゴーギャン …… 131
　　ホットジュピター ……… 90
　　ホットジュピターの仲間 … 97

《ま行》

ま　牧野淳一郎 ……………… 68
　　マントル ………………… 33
み　ミシェル・マイヨール … 90
　　水の惑星 ……………… 126
　　ミニネプチューン ……… 98
め　冥王星 …………………… 27
　　メインベルト小惑星 …… 27
も　木星 ……………………… 38
　　木星型惑星 ……………… 23

《や行》

や　ヤヌス／エピメテウス環 … 40
ゆ　融点 …………………… 116

《ら行》

ら　乱流障壁 ………………… 60
り　離心率 ………………… 101
　　リング …………………… 40
る　ルナ1号 ………………… 21

《わ行》

わ　環 ………………………… 40
　　惑星 ……………………… 23
　　惑星分布生成モデル … 105

アルファベット順

ALH84001 …………………… 37
A環 …………………………… 40
B環 …………………………… 40
C環 …………………………… 40
D環 …………………………… 40
E環 …………………………… 40
F環 …………………………… 40
GRAPE ……………………… 69
G環 …………………………… 40
N体計算 ……………………… 68
SPH法 ……………………… 83

[著者略歴]

佐々木　貴教 (ささき・たかのり)

1979 年佐賀県唐津市生まれ。
2003 年 3 月　東京大学理学部 地球惑星物理学科 卒業
2005 年 4 月〜 2008 年 3 月　日本学術振興会特別研究員 (DC1)
2008 年 3 月　東京大学大学院理学系研究科 地球惑星科学専攻 博士課程 修了
2008 年 4 月〜 2011 年 3 月　日本学術振興会特別研究員 (PD)
2011 年 4 月〜 2012 年 3 月　東京工業大学大学院理工学研究科 地球惑星科学専攻 特任助教
2012 年 4 月〜 2014 年 3 月　東京工業大学大学院理工学研究科 地球惑星科学専攻 特任准教授
2014 年 4 月〜京都大学大学院理学研究科 宇宙物理学教室 助教
博士 (理学)。

本書の内容に関するご質問は、
①返信用の切手を同封した手紙
②往復はがき
③ FAX(03)5269-6031
　(返信先の FAX 番号を明記してください)
④ E-mail　editors@kohgakusha.co.jp
のいずれかで、工学社編集部あてにお願いします。
なお、電話によるお問い合わせはご遠慮ください。

I/O BOOKS

「惑星」の話 〜「惑星形成論」への招待〜

平成 29 年 7 月 25 日　初版発行　© 2017	著　者	佐々木　貴教
	編　集	I/O 編集部
	発行人	星　正明
	発行所	株式会社 **工学社**
		〒160-0004 東京都新宿区四谷4-28-20 2F
	電話	(03)5269-2041(代) [営業]
		(03)5269-6041(代) [編集]
※定価はカバーに表示してあります。	振替口座	00150-6-22510

[印刷] シナノ印刷 (株)

ISBN978-4-7775-2019-0